Shakespear's
dramatische Werke,

übersetzt und erläutert

von

Johann Wilhelm Otto Benda,
Königl. Preuß. Regierungs-Rath.

Vierter Band.

Der Kaufmann von Venedig.
Der Liebe verlorne Mühe.

Leipzig,
bei Georg Joachim Göschen, 1825.

Vorwort.

Nicht ohne Besorgniß lege ich die seit einer Reihe von zwanzig Jahren gereiften Früchte der Muße eines Staatsbeamten dem Publicum vor. Ergriffen von dem gewaltigen Geiste des unsterblichen Dichters, versuchte ich in deutscher Zunge ihm nachzusprechen, und ich habe meinen Zweck erreicht, wenn meine Uebersetzung dahin wirkt, daß seine Werke auch in Deutschland allgemein gekannt, verstanden und genossen werden.

Die Aufgabe, die ich mir setzte, war gewissenhafte Treue und Verständlichkeit; die Uebersetzung soll als ein deutsches Original erscheinen, und den Geist des Dichters mit seinen Worten athmen.

Nicht verschönern, nicht verändern wollt' ich seine Werke; aber auch nicht durch gezwungene Wortbildungen und Wortfügungen der deutschen Sprache Gewalt anthun, und dadurch Verdunkelungen herbeiführen; und so unterscheidet sich mein Unternehmen von allen bisher erschienenen.

Das Poetische offenbart sich bei Shakespear wesentlich in den erhabnen Characteren, die er darstellt, in ihren großen Verhältnissen und Situationen und in der durchgehenden ethischen Idee. Die Einkleidung ist bei ihm — wo nicht absichtlich anders — natürlich, höchst einfach und ohne Reflection. In dieser seiner Eigenthümlichkeit wollte ich ihn auch in deutscher Sprache erscheinen lassen, und darum hütete ich mich, ihm irgend einen äußeren

Schmuck zu geben, irgend einen Fehler zu verhüllen, dem Wortsinn eine eigenmächtige, zu freie Deutung zu geben, irgend etwas zu verbessern oder gar wegzulassen. Selbst an das Versmaas, an den Reim, an die Regel: so wenig als möglich weibliche Verse zu gebrauchen, hielt ich mich.

Obgleich das Manuscript längst vollendet vor mir lag, so war es doch ursprünglich nicht zum Druck bestimmt. Verhältnisse führten den schleunigen Entschluß herbei, es dem Publicum zu übergeben. Umstände machten die größte Eile des Drucks nothwendig; und weit entfernt vom Druckort, konnte von meiner, während des Drucks nochmals vorgenommenen Revision, kein Gebrauch mehr gemacht werden. Da mir jedoch daran gelegen ist, meine Arbeit dem Publicum in der nach Kräften möglichsten Vollendung darzulegen, so bin ich entschlossen, meine Verbesserungen und Zusätze dem letzten Bande dieser Uebersetzung beizufügen, und bitte daher, einzelne Härten, Irrthümer, ja minder gelungene Stellen nicht eher zu verdammen, bis dieser Nachtrag geliefert seyn wird.

Oppeln, den 5. April 1825.

Benda.

Der Kaufmann von Venedig.

Personen.

Der Herzog von Venedig.
Der Prinz von Marocco, }
Der Prinz von Aragon, } Freier der Portia.
Antonio, der Kaufmann von Venedig.
Bassanio, sein Freund.
Salanio, }
Salarino, } Freunde des Antonio und Bassanio.
Gratiano, }
Lorenzo, Liebhaber der Jessica.
Scheilock, ein Jude.
Tubal, ein Jude, sein Freund.
Lanzelot Gobbo, der Narr im Dienste des Scheilock.
Der alte Gobbo, Lanzelots Vater.
Salerio, ein Bothe von Venedig.
Leonardo, Bassanios Diener.
Balthasar, }
Stephano, } Portias Diener.

Portia, eine reiche Erbin.
Nerissa, ihre Kammerjungfer.
Jessica, Scheilocks Tochter.

Senatoren von Venedig. Gerichtsbeamte. Gefangenwärter. Diener und andres Gefolge.

Die Scene ist theils Venedig, theils Belmont, der Landsitz der Portia.

Erster Aufzug.

Erste Scene.

Eine Straße.

Antonio, Salarino und Salanio treten auf.

Antonio.

Fürwahr, ich weiß nicht, was mich traurig stimmt!
ich bin es satt; auch ihr, wie ihr mir sagt.
Wie ich's erhaschte, fand, und kam dazu,
aus welchem Stoff gemacht, wie es entstand,
das erst ich lernen muß!
Zu solchem Pinsel macht der Trübsinn mich,
daß ich mich selbst erkenne nur mit Müh'!

Salarino.

Im Ocean schwankt euer Geist umher,
wo eurer Galeonen Seegelpracht,
gleich Herrn und reichen Bürgern von der Flut,
als wären sie Triumphgebäu' der See,

weit überragen kleines Handelsvolk,
das sie begrüßt, und ihnen Ehr' bezeugt,
wann mit gewebten Schwingen sie vorbei flieh'n.

Salanio.

O glaubt mir, Herr, hätt' ich so vieles Gut
zur See gewagt, des Herzens bester Theil
mit meiner Hoffnung weilten draußen. Stets
nur pflückt' ich Gras, zu sehn, woher der Wind?
durchforschte Karten stets nach Häfen, Dämm'
und Rheden; alles, was mir Furcht erregt
für meine Güter, würde zweifelsfrei
mich traurig stimmen.

Salarino.

Selbst mein Hauch, der mir
die Suppe kühlt, weht' Fieberangst mir zu,
bedächt' ich, welches Unheil mir zur See
ein Wind, zu stark, kann bringen. Säh' ich, wo
die Sanduhr rinnen, immer dächt' ich gleich
an Seichten und an Bänke; säh' im Sande
mein reiches Schiff gelagert, niedriger
sein hohes Haupt sich senken, als die Rippen,
sein Grab zu küssen. Ging' zur Kirch' ich hin,
und säh' das heilige Gebäu von Stein;
so dächt' ich gleich an Felsen voll Gefahr,
die meines zarten Fahrzeugs Seiten nur
berühren dürfen, um all' sein Gewürz

im Strom zu streuen, und mit meinen Seiden
die brausenden Gewässer anzuziehn,
mit einem Wort: so eben viel noch werth,
und nun, nichts werth mehr. Soll ich das zu denken
Gedanken haben, und nicht denken, daß
ein solcher Fall mich traurig machen muß?
Doch, sagt mir nichts, ich weiß: Antonio
ist traurig, weil er seines Handels denkt.

Antonio.

Nein, glaubt mir! — Meinem Glück dank ich dafür —
Es ist mein Gut nicht einem Schiff vertraut,
nicht einem Ort! und mein Vermögen ruht
nicht auf dem Glück des gegenwärt'gen Jahrs.
Darum, nicht stimmt mein Handel traurig mich.

Salanio.

So seyd ihr denn verliebt.

Antonio.

Pfui! Pfui!

Salanio.

Auch nicht
verliebt? — So laßt uns sagen: ihr seyd traurig,
weil ihr nicht fröhlich seyd. Euch wär's so leicht,
zu lachen und zu springen, und zu sagen,
ihr wäret froh, weil ihr nicht traurig seyd.
Nun, bei'm zweiköpf'gen Janus! 1) Die Natur

hat oft seltsame Bursche doch geformt!
Der eine drückt die Augen immer zu
und lacht, wie Papagei'n zum Dudelsack;
der andre ist so essigsauern Blicks,
daß er die Zähne nicht zum Lachen zeigt,
schwört Nestor auch: der Scherz sey lachenswerth.

Bassanio, Lorenzo und Gratiano treten auf.

Salanio.

Hier kommt Bassanio, euer edler Vetter,
Gratiano und Lorenzo. Lebt nun wohl!
Wir lassen euch in besserer Gesellschaft.

Salarino.

Euch zu erheitern, wär' ich hier geblieben,
wenn werth're Freunde mir nicht vorgeeilt.

Antonio.

In meiner Achtung steht ihr hoch an Werth.
Daß euch Geschäfte rufen, nehm' ich an,
und daß ihr wahrnehmt die Veranlassung.

Salarino.

Den schönsten Morgen, meine theuern Herrn!

Bassanio.

Ihr guten Herrn, wann lachen wir einmal?
O sagt doch: wann? ihr macht euch äußerst rar!
Muß das so seyn?

Erster Aufzug.

Salarino.

So bald die Muße uns
erlaubt, so warten wir der euren auf.

Salanio.

Nun, Herr Bassanio, wir verlassen euch,
da ihr Antonio fandet, aber denkt
um Mittag d'ran, ich bitte! wo wir uns
einander treffen.

Bassanio.

Ich verfehl' euch nicht!

Salanio und Salarino gehen ab.

Gratiano.

Ihr seht nicht wohl aus, Herr Antonio.
Ihr nehmt zu große Rücksicht auf die Welt.
Wer sie mit vielen Sorgen kauft, verliert sie!
Ihr habt euch wunderbar verändert! Glaubt's!

Antonio.

Ich halt' die Welt, — Gratiano! — für die Welt,
für eine Bühn', auf der ein jeder Mensch
muß seine Rolle spielen; — und die mein'
ist eine traurige.

Gratiano.

So laßt mich denn
den Narren spielen; laßt mit Lust und Lachen

die alten Runzeln kommen; lieber heiß
von Wein laßt meine Leber, als das Herz
mir kalt seyn von zerstörendem Geächz.
Warum denn soll ein Mann mit warmen Blut
da sitzen, wie sein Großpapa, gehau'n
in Alabaster? Schlafen, wenn er wacht?
und in die Gelbsucht kriechen, mißmuthsvoll?
Antonio, ich sage dir; du bist
mir theuer, und die Liebe spricht aus mir!
Es giebet Menschenkinder, deren Antlitz,
gleich steh'nden Sümpfen, Rahm ansetzt und die,
verhüllt, in eigensinn'gem Schweigen harrn,
um fein sich auszuschmücken mit dem Wahn
von Weisheit, Würd' und tiefer Urtheilskraft;
als wollt' er sagen: Ich, der Herr Orakel,
eröffne meine Lippen, belle mir
kein Hund! — O, mein Antonio, kenn' ich doch
dergleichen Leute, die allein darum
für Weise gelten, weil sie nimmer sprechen,
die, — sicher weiß ich's! — wenn sie sprächen, bald
die Ohren in Verdammniß brächten, die
sie hören, und die Brüder Narren schälten.
Mehr sag' ich dir davon zu andrer Zeit.
Doch, fische nicht, mit so trübsinn'gem Köder
nach diesem Narren Gründling, diesem Wahn! —
Lorenzo, komm! — Lebt wohl! auf kurze Zeit.
Ich ende die Ermahnung Nachmittags.

Lorenzo.

Wohl! wir verlassen euch bis Mittag. Ich
muß wohl der stummen Weisen einer seyn,
denn sprechen läßt Gratiano nimmer mich.

Gratiano.

Gut! geh nur noch zwei Jahre mit mir um,
du kennst der eignen Zunge Laut nicht mehr!

Antonio. Lebt wohl! Ich werd' ein Schwätzer eurenthalben!

Gratiano. O Dank! Fürwahr! denn Schweigen empfiehlt nur allein geräucherte Zungen, und Mädchen, die unverkäuflich und rein.

Gratiano und Lorenzo gehen ab.

Antonio. Ist das wohl irgend was?

Bassanio. Gratiano spricht sehr viel Nichts, mehr als irgend jemand in ganz Venedig. Seine vernünftigen Einfälle sind wie zwei Waizenkörner, in zwei Scheffel Spreu verborgen; ihr sucht sie tagelang eh' ihr sie findet, und wenn ihr sie habt, sind sie des Suchens nicht werth.

Antonio.

Wohl! Sage mir, was für ein Fräulein ist's,
zu welchem du geheime Wallfahrt schworst,
von der du heute wolltest mir erzählen?

Bassanio.

Euch ist nicht unbekannt, Antonio,
wie sehr ich mein Vermögen hab' geschwächt,
daß ich in solchem Glanz erschien, dem nicht
die schwachen Mittel Dauer sichern konnten.
Ich seufz' auch nicht, daß meine Lebensart
nun eingeschränkt ist; meine größte Sorge
ist, aus der großen Schuld mit guter Art
zu kommen, darin mein Leben mich,
wohl etwas zu verschwenderisch, gestürzt.
Euch, mein Antonio, schuld' ich allermeist
an Geld und Lieb'; und eure Liebe giebt
mir die Gewähr, daß ich euch meine Plän'
und meinen Vorsatz ganz enthüllen mag,
wie ich von jeder Schuld mich lösen kann.

Antonio.

Bassanio! bitte! unterrichtet mich!
und steht es, — wie ihr selber immer steht, —
im Angesicht der Ehre, seyd versichert:
mein Beutel, ich, die letzte Habe, liegt
für eure Nothdurft unverschlossen da.

Bassanio.

Verlor ich, als ein Schüler, einen Pfeil,
so schoß ich den Genossen gleicher Flucht,
denselben Weg, mit aufmerksam'rer Acht,
um jenen aufzufinden; beide wagend,

fand beid' ich oft. Die Kinderprobe führ'
ich an, weil das, was folgt, rein schuldlos ist.
Euch schuld' ich viel, bedachtlos, wie ein Knabe,
verlor ich, was ich lieh; doch stehts euch an,
noch einen Pfeil denselben Weg zu schießen,
den ihr zuerst geschossen, zweifl' ich nicht,
daß ich das Ziel erlausch' und beide finde.
Sonst bring' ich euren letzten Satz zurück,
und dankbar bleibt der erste meine Schuld.

Antonio.

Ihr kennt mich wohl; ihr werft die Zeit nur weg,
wenn ihr mit meiner Lieb' Umstände macht.
Mehr Unrecht ohne Zweifel, thut ihr mir,
wenn ihr mein Aeußerstes bezweifeln wollt,
als wenn ihr all' des Meinen mich beraubt.
So sagt mir jetzt das, was ich hab' zu thun,
was wie ihr wißt, von mir geschehen kann,
und gleich bin ich bereit. Deßwegen sprecht.

Bassanio.

In Belmont ist ein Fräulein, reich beerbt,
und es ist schön und schöner, als dieß Wort,
von wunderbarer Tugend. Einst empfing
von einem Aug' ich holde, stumme Bothschaft.
Ihr Nam' ist Portia, von nicht mind'rem Werth
als Catos Tochter, Brutus Portia.
Auch ist ihr Werth der Welt nicht unbekannt,

denn die vier Winde wehn von allen Küsten
berühmte Freier her. Ihr sonnig Haar
wallt um die Schläf' ihr, wie ein goldnes Fließ,
das Belmonts Schloß zu Kolchis Strande macht,
und mancher Jason kommt, sie aufzusuchen.
O, mein Antonio, hätt' ich nur die Mittel,
mich als Rival dem Einen gleich zu stell'n;
so weissagt mir mein Busen solch Gedeihn,
daß ganz gewiß ich werde glücklich seyn.

Antonio.

Du weißt, all meine Hab' ist auf der See,
mir fehlt's an Geld, wie an Gelegenheit,
gleich eine baare Summe zu erheben.
Versuche d'rum, was in Venedig mein
Credit vermag; — ihn dehn' ich aus, bis auf
das Aeußerste, — für Belmont dich zu rüsten,
für deine Portia. Geh! suche gleich
nach Geld umher; das Gleiche will ich thun,
daß man, was wir verlangen, uns nicht borgt,
auf meine Bürgschaft, bin ich nicht besorgt.

Beide gehen ab.

Zweite Scene.

Belmont. Ein Zimmer im Hause Portia's.

Portia und Nerissa treten auf.

Portia. In Wahrheit, Nerissa, meine kleine Gestalt ist dieser großen Welt überdrüssig.

Nerissa. Das würdet ihr seyn, holdes Fräulein, wenn euer Unglück im nämlichen Uebermaße wäre, als es euer gutes Glück ist. Und doch, wie ich sehen muß, sind die eben so krank, welche sich mit zu Vielem überfüllen, als diejenigen, welche bei Nichts Hunger sterben. Es ist also kein mittelmäßiges Glück, sich im Mittelstande zu befinden. Ueberfluß kommt schneller zu weißen Haaren, aber Auskommen lebt länger.

Portia. Gute Sentenzen, und wohl vorgetragen.

Nerissa. Sie würden besser seyn, wenn sie befolgt würden.

Portia. Wenn thun so leicht wäre, als wissen, was gut zu thun ist, so wären Kapellen Kirchen geworden, und armer Leute Hütten fürstliche Paläste. Der ist ein guter Prediger, der seine eignen Lehren befolgt. Ich kann leichter Zwanzig lehren, was gut zu thun ist, als einer von den Zwanzigen seyn, die meine eignen Lehren befolgen sollen. Das Gehirn kann Gesetze für das Blut aussinnen, aber ein hitziges Gemüth hüpft über eine kalte Vorschrift hinweg. Solch ein Hase ist Tollheit, die Jugend, daß sie über die Netze des Krüppels, guter Rath, wegspringt. Aber dieses Vernünfteln ist mit von der Art, um mir einen Gatten zu wählen. O, das Wort wählen! Ich kann weder wählen, wen ich mag, noch ausschlagen, wer mir mißfällt; so wird der Wille einer lebenden Tochter, durch den Willen eines todten Vaters im Zaum gehalten — Ist es nicht hart, Nerissa, daß ich nicht einen wählen und keinen ausschlagen kann?

Nerissa. Euer Vater war stets tugendhaft, und heilige Menschen haben bei ihrem Tode gute Eingebungen; daher wird in der Lotterie, welche er mit diesen drei Kästchen von Gold, Silber und Blei erfunden hat, — nach welcher der, der seine Meinung erräth, euch erhält, — ohne Zweifel keiner das rechte Los treffen, als einer, den ihr recht liebt. Aber welchen Grad von Zuneigung fühlt ihr gegen einen dieser fürstlichen Freier, welche bereits angekommen sind?

Portia. Ich bitte dich, nenne sie mir her; wie du sie nennst, will ich sie beschreiben, und nach meiner Beschreibung wiege meine Zuneigung ab.

Nerissa. Zuerst ist da der neapolitanische Prinz.

Portia. Ja, der ist in der That ein Füllen, denn er spricht von nichts, als von seinem Pferde, und er macht viel Rühmens von dem Zusatze zu seinen herrlichen Talenten, daß er selbst beschlagen kann. Ich bin sehr besorgt, daß seine Frau Mutter mit einem Schmidt unerlaubten Umgang hatte.

Nerissa. Dann ist der junge Pfalzgraf da.

Portia. Der runzelt nur immer die Stirn, als wollt' er sagen: Wenn ihr mich nicht haben wollt, so laßt's. Er hört lustige Erzählungen, und lächelt nicht. Ich fürchte, er wird sich als ein weinender Philosoph zeigen, wenn er alt wird, da er in seiner Jugend so voll ungeziemenden Trübsinns ist. Lieber wär' ich an einen Todtenkopf mit einem Knochen in seinem Munde verheirathet, als an einen von diesen. Gott beschütze mich vor diesen beiden!

Nerissa. Was sagt ihr zu dem französischen Herrn, Monsieur le Bon?

Portia. Gott hat ihn geschaffen, und darum laß ihn für einen Menschen gelten. Wahrlich, ich weiß, es ist Sünde, ein Spötter zu seyn; — aber er, — freilich! er hat ein Pferd, das besser ist, als das des Neapolitaners; eine bessere schlechte Gewohnheit, die Stirn zu runzeln, als der Pfalzgraf, er ist Jedermann und Niemand. Wenn eine Drossel singt, so macht er sogleich Luftsprünge. Er ficht mit seinem eignen Schatten. Wenn ich ihn heirathete, so würd' ich zwanzig Gatten heirathen. Wenn er mich verachtete, so würd' ich ihm vergeben, denn wenn er mich bis zum Wahnsinn liebte, könnt' ich es ihm nie erwiedern.

Nerissa. Was sagt ihr denn zu Faulconbridige, dem jungen englischen Baron?

Portia. Du weißt, ich sage nichts zu ihm, denn er versteht mich nicht, und ich ihn nicht. Er versteht weder Lateinisch, Französisch noch Italienisch, und du kannst wohl vor Gericht erscheinen und beschwören, daß ich nicht mehr, als für einen armseligen Pfennig Englisch verstehe. Er ist eines artigen Mannes Bild. Aber ach, wer kann sich mit einem stummen Schaustück unterhalten? Wie wunderlich ist er gekleidet! Ich glaube, er kaufte seinen Wamms in Italien, seine Pluderhosen in Frankreich, seine Mütze in Deutschland und sein Betragen allenthalben.

Nerissa. Was meint ihr zu dem schottischen Herrn, seinem Nachbar?

Portia. Daß er ein nachbarliches, christliches Erbarmen hat; denn er borgte eine Ohrfeige vom Engländer, und schwor, sie ihm wieder zu bezahlen, wenn er es im Stande seyn würde. Ich glaube der Franzose leistete ihm Bürgschaft, und unterzeichnete für den andern.

Nerissa. Wie gefällt euch der junge Deutsche, des Herzogs von Sachsen Neffe?

Portia. Sehr abscheulich des Morgens, wenn er nüchtern ist, und höchst abscheulich des Nachmittags, wenn er betrunken ist. Wenn er am besten ist, ist er ein wenig schlechter, als ein Mensch, und wenn er am schlechtesten ist, wenig besser, als ein Thier. Komme das Schlechteste, was da woll'; ich hoffe doch, mich seiner zu entledigen.

Nerissa. Wenn er sich zur Wahl erbieten sollte, und wählte das rechte Kästchen, so weigert ihr euch des Vaters Willen zu vollziehen, wenn ihr euch weigert, ihn zu nehmen.

Portia. Deßhalb, aus Furcht vor dem Schlechtesten, bitt' ich dich, setze einen Humpen Rheinwein auf das falsche Kästchen; denn wenn der Teufel darin, und diese Versuchung außen ist, so weiß ich, er wird es wählen. Alles in der Welt, Nerissa, will ich thun, eh ich einen Schwamm heirathe.

Nerissa. Ihr dürft euch nicht fürchten, Fräulein, irgend einen von diesen Herrn zu erhalten. Sie haben mich von ihrem Entschlusse unterrichtet. Der geht in der That dahin, sich nach ihrer Heimath zurück zu begeben, und euch mit keiner weiteren Bewerbung zu beunruhigen; ihr müßtet denn auf irgend eine andere Weise zu gewinnen seyn, als nach der Bestimmung eures Vaters nach den Kästchen.

Portia. Sollt ich leben, um so alt zu werden, wie Sybilla, so will ich doch so keusch wie Diana sterben, wenn ich nicht also gewonnen werde, wie es der Wille meines Vaters bestimmte. Ich freue mich, daß diese Packetchen Freier so vernünftig sind, denn es ist nicht einer unter ihnen, nach dessen Abwesenheit ich nicht schmachtete, und ich bitte Gott, ihnen eine glückliche Abreise zu verleihen.

Nerissa. Erinnert ihr euch nicht, Fräulein, eines Venetianers, eines Studenten und Soldaten, der in Gesellschaft des Marquis von Montferrat hieher kam, als Euer Vater noch lebte?

Portia. Ja, ja, es war Bassanio! so denk' ich, hieß er.

Nerissa. Allerdings, Fräulein. Er war von allen Männern, die meine närrischen Augen jemals erblickten, einer schönen Dame am meisten werth.

Portia. Ich erinnere mich seiner wohl, und ich erinnere mich auch, daß er deines Lobes würdig ist. — Nun, was giebt es Neues?

Ein Diener tritt auf.

Diener. Die vier Fremden suchen euch, Fräulein, um sich zu beurlauben. Der Vorläufer von einem fünften, dem Prinzen von Marocco, ist angekommen, der Nachricht bringt, daß sein Herr, der Prinz, heut Abend hier eintreffen wird.

Portia. Wenn ich den Fünften mit so frohem Herzen willkommen heißen könnte, als ich den vier andern Lebewohl sage, so würd' ich mich seiner Ankunft freuen. Hät er die innern Eigenschaften eines Heiligen, und die Farbe des Teufels, so wünscht' ich lieber, er möchte mir beichten, als mich heirathen. *) Komm, Nerissa! — Bursch! Geh voran! — Während wir das Thor hinter einem Freier schließen, klopft ein anderer an die Thür.

Alle gehen ab.

Dritte Scene.

Ein öffentlicher Platz in Venedig.

Bassanio und Scheilock treten auf.

Scheilock. Drei tausend Ducaten — Gut.

Bassanio. Ja, Herr, auf drei Monat. —

*) Im Englischen, shrive (beichten), wive (ein Weib nehmen). Man könnte es zimmern: ich wollte lieber, er würde mein Beichtvater als mein Heirather.

Scheilock. Auf drei Monate — Gut!

Bassanio. Für welche, wie ich euch sagte, Antonio sich verbürgen wird.

Scheilock. Antonio wird sich verbürgen — Gut!

Bassanio. Könnt ihr mir helfen? — Wollt ihr mir den Gefallen erzeugen? — Wollt ihr mir Antwort gewähren?

Scheilock. Drei tausend Ducaten, auf drei Monate, und Antonio Bürge.

Bassanio. Eure Antwort darauf!

Scheilock. Antonio ist ein guter Mann!

Bassanio. Habt ihr je gehört, daß einer ihn des Gegentheils beschuldigte?

Scheilock. Ha nein! nein! nein! nein! — Meine Meinung ist, wenn ich sage, daß er ein guter Mann ist, — versteht mich, — daß er vermögend ist; aber seine Mittel sind Vermuthungen, er hat eine Galeone nach Tripolis, eine andere nach Indien. Ich hörte überdieß auf der Börse: er habe eine dritte nach Mexico, eine vierte nach England; und noch andre Unternehmungen hat er draußen auf gut Glück gewagt. Aber Schiffe sind nur Breter, Matrosen nur Menschen. Es giebt Land-Ratzen und Wasser-Ratzen, Wasser-Diebe und Land-Diebe; ich meine Seeräuber: und dann ist da die Gefahr von Wasser, Winden und Klippen. — Aber der Mann ist demungeachtet gut! — Drei tausend Ducaten, — ich denke, ich kann seine Bürgschaft annehmen.

Bassanio. Zuverlässig könnt ihr das!

Scheilock. Ich will zuverlässig wissen, daß ich's kann, und damit ich es zuverlässig weiß, — will ich mich bedenken. Kann ich Antonio sprechen?

Bassanio. Wenn es euch gefällig ist, mit uns zu essen.

Scheilock. Ja, um Schweinfleisch zu riechen, von der Wohnung zu essen, in welche euer Prophet, der Nazareer, den Teufel hinein bannte! Ich will mit euch kaufen und verkaufen, mit euch sprechen, mit euch gehn und euch folgen; aber ich will nicht mit euch essen, nicht mit euch trinken noch mit euch beten. — Was giebt es Neues auf der Börse? — Wer kommt hier?

Antonio tritt auf.

Bassanio. Dieß ist Herr Antonio.

Scheilock für sich.

Wie er dem heuchlerischen Zöllner gleicht!
Ich haß' ihn, weil er Christ ist, und noch mehr,
weil er, aus niedrer Einfalt, zinsenfrei
sein Geld verleiht, und in Venedig uns

den Preiß der Zinsen so herunter setzt.
Wenn ich einmal die Hüft' *) ihm packen kann,
so nähr' ich meinen alten Grimm an ihm.
Er haßt mein heilig Volk und schmähet da,
wo sich die Kaufmannschaft versammelt, mich
und mein Geschäft und wohlerworbnen Vortheil,
den er nur Wucher nennt. Es sey verflucht
mein Stamm! verzeih ich ihm.

Bassanio.

Nun, Scheilock, hört!

Scheilock.

Ich überschlage jetzt mein baares Geld,
und wie mir mein Gedächtniß fast bestimmt,
bring' ich sogleich die Summ' dreitausend Stück
Ducaten, nicht zusammen; — Doch, was thut's?
Tubal, ein reicher Jude meines Stamms,
hilft mir schon aus. — Doch still! Auf wie viel Monat
verlangt ihr's? — Zu Antonio. Geh's euch wohl, mein guter Herr!
vor euer Edlen war die Rede jetzt.

Antonio.

Scheilock! obwohl ich weder leih' noch borge,
um Zins zu nehmen oder zu bezahlen.

---

*) Ein Sprichwort; so viel als, mit Glück.

Doch, weil mein Freund es dringend nöthig hat,
will ich die Sitte brechen. — Weiß er schon,
wie viel ihr braucht?

Scheilock.

Ja, ja! dreitausend Stück
Ducaten.

Antonio.

Auf drei Monat!

Scheilock.

Das vergaß ich!
Ja, ja! drei Monat sagtet ihr! — Wohlan!
die Bürgschaft! Laßt mich sehn! — Doch, höret Herr!
Mich dünkt, ihr sagtet: daß ihr nimmer leiht
noch borgt um Vortheil?

Antonio.

Nimmer pfleg' ich das!

Scheilock.

Als Jakob hütete des Oheims Schaafe,
— Der Jakob war von unsrem heil'gen Abrah'm —
weil klug die Mutter sich für ihn bemüht —
der dritte Erbe, — ja der dritte war er! —

Antonio.

Was soll das hier? Nahm er auch Zinsen?

Scheilock.

Nein,
nicht Zinsen; nicht was ihr so geradezu
hier Zinsen nennt! — Merkt auf, was Jakob that!
Als Laban sich mit ihm verglichen, daß,
was von den Lämmern scheckig und gestreift,
als Lohn für Jakob fallen sollten; wandten
die brünst'gen Mütter zu den Widdern sich
bei'm Herbstes Ausgang; und als nun das Werk
der Zeugung zwischen dieser woll'gen Zucht
vollzogen wurde, schnitt der kluge Hirt
gewisse Zweig', und als sie nun geschah,
die Paarung der Natur, so steckt' er sie
vor den wollüst'gen Müttern auf, die dann
empfingen, und es fiel zur Lämmerzeit
buntfleckig alles, und ward Jakobs Lohn.
Dieß war ein Weg zum Vortheil und zum Segen;
Erwerb ist Segen, wenn man nur nicht stiehlt.

Antonio.

Ein Wagstück war's, um welches Jakob diente.
Bewirken konnt' es nimmer seine Kraft;
Des Himmels Hand regierte, lenkte das.
Ward dieß erwähnt, um Zinsen gut zu heißen?
Ist Gold und Silber Schaaf und Widder denn?

Scheilock.

Ich weiß nicht! Mehren laß auch ich es schnell!
Doch, Herr, bemerkt —

Antonio.

Sieh nur, Bassanio!
Für seinen Zweck citirt der Teufel auch
die heil'ge Schrift! Ein schändliches Gemüth,
das heil'ges Zeugniß anführt, gleicht dem Schelm
mit lächelndem Gesicht; dem Apfel, schön
von Ansehn, aber in dem Herzen faul!
Wie schön der Falschheit Außenseite scheint!

Scheilock.

Dreitausend Stück Ducaten! — Runde Summe!
drei Monden von zwölf Monden, — laßt doch sehn!
wie viel's an Zinsen bringt. —

Antonio.

Nun Scheilock, wollt
ihr uns verpflichten? Sprecht!

Scheilock.

Signor Antonio!
Ihr habet oft und in verschiedner Zeit,
und auf der Börse mich geschmähet um
mein Geld und meine Zinsen. Ich ertrug
es mit Geduld, mit Achselzucken, denn
Erdulden ist das Merkmal unsres Stamms.
Irrgläub'gen hießt ihr mich, grausamen Hund!
ihr spiet mir auf mein jüdisches Gewand,
nur weil ich nütze, was mein eigen ist.

Wohlan denn; jetzt ist's klar, daß ihr mich braucht.
Nun seht, ihr kommt jetzt her zu mir, und sagt:
Scheilock, wir brauchen Gelder! — So sagt ihr,
ihr, der des Speichels sich auf meinen Bart
entledigt', der mich trat, wie von der Schwelle
der fremde Hund verjagt wird. Geld begehrt ihr!
Was soll ich sagen? Sollt' ich sagen nicht:
Hat Geld ein Hund? Ist's möglich, daß ein Hund
dreitausend Stück Ducaten leihe? — Soll
ich tief mich bücken, und im Sklaven-Ton
mit kurzem Athem, flüsternd, demuthvoll
so sagen:
Mein schöner Herr, am letzten Mittewoch
bespiet ihr mich; ihr tratet mich einmal;
zu andrer Zeit hießt ihr mich einen Hund;
für diese Höflichkeiten will ich nun
euch leihn so vieles Geld!

Antonio.

Ich könnte leicht
von neuem dich so nennen, wieder dich
anspei'n und treten auch! — Willst du das Geld
verleihen, — leih' es nicht, als deinem Freund!
— denn wann nahm Freundschaft von dem Freund' Ertrag
für ein Metall? Das ist ja unfruchtbar.
Dem Feinde leih es lieber! Wenn er fällt,

so kannst du dann mit beß'rer Stirn die Buß'
eintreiben.

Scheilock.

Ei, da seht nur, wie ihr stürmt!
Ich wollt' euch freundlich seyn, euch Liebes thun,
der Schmach vergessend, die mich so befleckt,
abhelfen eurer gegenwärt'gen Noth,
und keinen Heller Zinsen für mein Geld
begehren, und ihr wollt nicht hören, wie
ich liebreich mich erbiete.

Antonio.

Liebreich dieß?

Scheilock.

Ich will euch zeigen, daß es liebreich ist!
Kommt mit mir zum Notar; da unterschreibt
die simple Schuldverschreibung — und zum Scherz —
wenn ihr mir nicht an dem bestimmten Tag,
und dem bestimmten Ort, die Summe, die
in dem Vertrag bestimmt, zurück bezahlt;
so soll die Buße seyn ein volles Pfund
von eurem schönen Fleisch, von welchem Theil
des Körpers es zu schneiden, und zu nehmen
mir wohlgefällt.

Antonio.

Es sey! Fürwahr, ich zeichne

die Schuldverschreibung so, und sage: daß
ein Jude gütig ist.

Bassanio.

Ihr sollt für mich
solch eine Schuldverschreibung nimmer zeichnen.
Ich bleibe lieber in Verlegenheit.

Antonio.

Ei, sorgt nicht, Mann! Verfallen werd' ich nicht.
Schon in vier Wochen — einen Monat eh
die Handschrift fällig, — kann ich den Betrag
der Schuld erstatten, dreimal, dreifach ihm.

Scheilock.

O Vater Abrah'm! Wie die Christen sind!
Stets die Gedanken Andrer mißzutrau'n,
das lehrt die eigne Härte sie. Ei sagt
mir doch, ich bitte, zahlet er nicht, wann
er soll, was hätt' ich für Gewinn,
wann ich die Buß' eintreiben wollt'. Ein Pfund
von Menschenfleisch, genommen von dem Menschen,
ist nicht so schätzbar, auch so nutzbar nicht,
als Fleisch von Hammeln, Rindern, Ziegen. Mir
die Gunst von ihm zu kaufen, dehnt' ich so
die Freundschaft aus! Nimmt er sie an, nun gut!
Wo nicht, — lebt wohl! — Und, — bitt' euch —
kränkt mich nicht
für meine Liebe!

Antonio.

Scheilock, ja! ich will
die Schuldverschreibung zeichnen.

Scheilock.

Nun, so trefft
sogleich mich bei'm Notar. Weis't ihn nur an
zu dieser lust'gen Schuldverschreibung. Schnell
ich gehe, die Ducaten einzusacken,
nach meinem Hause auch zu sehn, das ich
in schlechter Hut von einem lockern Schuft
verließ. Ich will gleich wieder bei euch seyn.

Er geht ab.

Antonio.

So eile, milder Jude! Der Hebräer
wird noch ein Christ! Er kehrt zur Güte hin!

Bassanio.

Ich hasse schönes Wort bei tück'schem Sinn!

Antonio.

O komm! Hierbei mach keine Sorge dir,
vier Wochen eh' sind meine Schiffe hier.

Beide gehen ab.

Zweiter Aufzug.

Erste Scene.

Belmont. Ein Zimmer in Portia's Hause.

Ein Tusch von Hörnern. Der Prinz von Marocco tritt auf mit seinem Gefolge. Portia, Nerissa und andre von ihren Dienern.

Marocco.

Mißbilligt mich und meine Farbe nicht,
die schattige Livree der glühn'den Sonne,
der ich, ein Nachbar, nah geboren bin.
Bringt aus dem Nord den schönsten Mann mir her,
wo Phöbus Glut kaum schmilzt die Zacken Eis,
und laßt uns Wunden schneiden, euch zu Lieb',
zu prüfen welches Blut das rötheste,
sein's oder mein's! — Ich sag' euch, Fräulein: dieß
mein Antlitz, Tapfre hat es schon geschreckt!
Bei meiner Liebe schwör' ich: meines Reichs
geachteteste Jungfrau'n, haben's auch
geliebt. — Ich tauschte diese Farbe nicht,

ich könnte denn, o holde Königin,
mir stehlen eure Lieb' und eure Huld.

Portia.

Mich kann bei den Bedingungen der Wahl,
die zarte Leitung eines Mädchenblicks
allein nicht lenken. Ueberdieß beschränkt
die Lotterie, an der mein Schicksal hängt,
das Recht der freien Wahl. Doch hätte mich
mein Vater nicht beschränkt und eingeengt
durch seine Klugheit, mich zur Gattin, dem
zu widmen, der auf solche Weise mich,
wie ich euch schon gesagt, gewinnet; ihr,
ruhmvoller Prinz, dann hättet gleichen Anspruch
wie jeder Frei'r, den ich bisher gesehn,
auf meine Neigung.

Marocco.

Dafür meinen Dank!
Nun, bitt' ich, führt mich zu den Kästchen hin,
mein Glück zu prüfen! Hier, — bei'm Säbel, der
den Sophi schlug, und einen Perserprinzen,
und, in drei Schlachten, Sultan Solimann! —
die wildsten Augen wollt' ich überstrahl'n,
das kühnste Herz der Erde übertrotzen,
entreißen seine Säuglinge dem Bär,
den Löwen necken, der nach Beute brüllt,
dich, Fräulein, zu gewinnen. Aber ach!

Wenn Herkules mit Lichas würfeln soll, 2)
wer besser ist, so kann der größre Wurf,
durch Glücksfall, kommen aus der schwächern Hand;
so weicht vor seinem Knaben der Alcid', 3)
und so kann ich, wenn blindes Glück mich lenkt,
verfehl'n, was Einer, wen'ger werth, erlangt,
und gramvoll sterben.

Portia.

Eurem Schicksal müßt
ihr euch ergeben, und entweder nicht
der Wahl euch unterziehen, oder schwören,
bevor ihr wählt: wofern ihr falsch gewählt,
nachher mit keiner Dame mehr vom Band
der Eh' zu sprechen. Darum seht euch vor!

Marocco.

Ich will auch nicht. Drum führt dem Glück mich zu.

Portia.

Vorher zum Tempel. Nach dem Mahl versucht
das Wagestück.

Marocco.

Wohlan denn gutes Glück!

Tusch von Hörnern.

Bald segnest, oder fluchst du mir, Geschick!

Alle gehen ab.

Zweite Scene.

Venedig. Eine Straße.

Lanzelot Gobbo tritt auf.

Lanzelot. Fürwahr! mein Gewissen wird mir behülflich seyn, von diesem Juden, meinem Herrn, wegzulaufen. Der Teufel ist bei der Hand und versucht mich, indem er zu mir sagt; Gobbo! oder Lanzelot Gobbo! guter Lanzelot, oder guter Gobbo, oder guter Lanzelot Gobbo! gebrauche deine Fersen, ergreife die Flucht, laufe davon! — Mein Gewissen sagt: Nein! Hüte dich, ehrlicher Lanzelot! Hüte dich, ehrlicher Gobbo! oder, wie schon gesagt: ehrlicher Lanzelot Gobbo! laufe nicht! verachte das Weglaufen! — Gut! Der überaus muthige Teufel befiehlt mir, mich zu packen! Vorwärts, sagt der Teufel! Fort, sagt der Teufel! Ums Himmels Willen, faß dir ein tapfres Herz, sagt der Teufel, und laufe! — Gut! Mein Gewissen hängt sich meinem Herzen um den Hals, und sagt sehr weise zu mir: Mein ehrlicher Freund Lanzelot, da du eines ehrlichen Mannes Sohn bist, — oder besser, eines ehrlichen Weibes Sohn, — denn, die Wahrheit zu sagen, mein Vater hatte einen kleinen Beigeschmack; einen kleinen

Ansatz; so einen wunderlichen Geschmack. — Gut! Mein Gewissen sagt: Lanzelot! Geh nicht vom Fleck! — Weiche: sagt der Teufel! — Weiche nicht vom Fleck! sagt mein Gewissen! — Gewissen, sag' ich, du räthst mir wohl! Teufel! sag' ich, du räthst mir wohl! Wenn ich meinem Gewissen folge, so muß ich bei dem Juden, meinem Herrn, bleiben, der, Gott steh' mir bei! — eine Art von Teufel ist; und, wenn ich von dem Juden weglaufe, so lasse ich mich vom Teufel regieren, der, — mit Respect zu sagen, — der Teufel selber ist. Fürwahr! der Jude ist ein eingefleischter Teufel, und, bei meinem Gewissen! mein Gewissen ist eine Art von hartherzigem Gewissen, da es mir den Rath anbietet, bei dem Juden zu bleiben. Der Rath des Teufels ist freundlicher: Ich will laufen, Teufel! Meine Fersen stehn dir zu Gebot, ich will laufen!

Der alte Gobbo kommt mit einem Korbe.

Gobbo. Herr! Junger Mann! Ihr da! — Ich bitt' euch: Wo geht man denn nach dem Herrn Juden hin?

Lanzelot, für sich. O Himmel! das ist mein ehrlich erzeugter Vater! der, mehr als blödsichtig, sehr stockblind, mich nicht kennt. — Ich will einmal Versuche mit ihm anstellen.

Gobbo. Herr, junger gnäd'ger Herr! Ich bitt' euch: Wo geht man denn zu dem Herrn Juden hin?

Lanzelot. Wendet euch rechter Hand, an der nächsten Ecke; aber bei der allernächsten Ecke, linker Hand. Ja, ja! bei der allernächsten Ecke, wendet euch nach keiner Hand hin, sondern wendet euch gerade hin nach des Juden Hause.

Gobbo. Gott's Wetterchen, der Weg wird schwer zu treffen seyn. Könnt ihr mir sagen, ob ein gewisser Lanzelot, der bei ihm wohnt, — bei ihm wohnt oder nicht?

Lanzelot. Sprecht ihr vom jungen Herrn Lanzelot? — Für sich. Nun gebt Acht! Nun laß ich die Wasser springen! — Laut. Sprecht ihr von dem jungen Herrn Lanzelot?

Gobbo. Kein Herr, euer Gnaden! sondern eines armen Mannes Sohn. Sein Vater, ob ich es gleich sage, ist ein ehrlicher, blut armer Mann, und Gott sey Dank! recht gesund.

Lanzelot. Gut! Sein Vater mag seyn, was er will, wir reden von dem jungen Herrn Lanzelot.

Gobbo. Eurer Edlen Diener, und Lanzelot, Herr!

Lanzelot. Ergo bitt' ich euch, alter Mann; ergo ersuch' ich euch: sprecht ihr von dem jungen Herrn Lanzelot?

Gobbo. Von Lanzelot, wenn es eurer Herrlichkeit beliebt.

Lanzelot. Ergo, Herr Lanzelot! Sprecht nicht von dem Herrn Lanzelot, Vater, denn der junge gnäd'ge Herr ist — nach den Fügungen und Schikkungen, und solchen wunderlichen Redensarten, der drei Schwestern und derlei Zweigen der Gelehrsamkeit, — in der That abgeschieden, oder, wie ihr in unumwundnen Ausdrücken sagen würdet, zum Himmel gegangen.

Gobbo. Ach, das verhüte Gott! Der Junge war der wahre Staab meines Alters, meine wahre Stütze!

Lanzelot. Seh ich denn aus wie ein Knüttel, oder wie ein Hüttenpfahl, ein Stab oder eine Stütze? — Kennt ihr mich, Vater?

Gobbo. Ach liebe Zeit! Ich kenn' euch nicht, junger, gnäd'ger Herr! Aber ich bitte euch, sagt mir: ist mein Junge, — Gott hab' ihn selig! — am Leben, oder todt?

Lanzelot. Kennt ihr mich nicht, Vater?

Gobbo. Ach, Herr, ich bin blödsichtig; ich kenn' euch nicht.

Lanzelot. Nun, in der That! wenn ihr eure Augen hättet, so könnt' es kommen, daß ihr mich nicht kenntet. Das ist ein weiser Vater, der sein eignes Kind kennt. Wohl, alter Mann, ich will euch Neuigkeiten von eurem Sohn erzählen. Gebt mir euren Segen! Die Wahrheit muß ans Licht kommen. Mord kann nicht lange verborgen bleiben; eines Mannes Sohn kann's, aber am Ende muß die Wahrheit doch heraus.

Gobbo. Ich bitte euch, Herr, steht auf! Ich bin gewiß, ihr seyd Lanzelot mein Junge nicht.

Lanzelot. Ich bitte euch, laßt uns darum keine Narrenspossen weiter treiben, sondern gebt mir euren Segen. Ich bin Lanzelot, euer Junge, der da war, euer Sohn, der da ist, und euer Kind, das da seyn wird.

Gobbo. Ich kann mir nicht denken, daß ihr mein Sohn seyd.

Lanzelot. Ich weiß nicht, was ich davon denken soll. Aber Lanzelot bin ich, des Juden Diener, und ich weiß gewiß, Margaretha, euer Weib, ist meine Mutter!

Gobbo. Sie heißt wahrlich Margaretha. Ich will darauf schwören, wenn du Lanzelot bist, so bist du mein eignes Fleisch und Blut. Ach, um Gottes Willen! was hast du für einen Bart gekriegt! Du hast mehr Haare am Kinn bekommen, als mein Karrengaul Hans in seinem Schweife hat.

Lanzelot. Da scheint's denn, als ob Hansens Schweif zurück wüchse. Ich weiß gewiß, er hatte mehr Haare an seinem Schweife, als ich in meinem Gesicht, da ich ihn das letztemal sahe.

Gobbo. Herr Gott! wie du dich verändert hast! Wie verträgst du dich mit deinem Herrn? Ich habe ihm ein Geschenk gebracht! Nun, wie vertragt ihr euch?

Lanzelot. Gut, gut! Was aber mich betrifft, so will ich, da ich mir in den Kopf gesetzt habe, fortzulaufen; auch nicht eher ruhen, als bis ich eine Strecke fortgelaufen bin. Mein Herr ist ein wahrer Jude! Ihm ein Geschenk geben? Gebt ihm einen Strick! Ich bin verhungert in seinem Dienst. Ihr könnt jeden Finger, den ich habe, mit meinen Rippen zählen. Vater, ich freue mich, daß ihr gekommen seyd. Gebt mir euer Geschenk für einen gewissen Herrn Bassanio, der wahrhaftig rare neue Livreen giebt. Wenn ich nicht in seinen Dienst kommen kann, so will ich laufen, so weit Gottes Erdboden reicht. — O seltnes Glück! Da kommt der Mann! Hin zu ihm, Vater! Denn ich bin ein Jude, wenn ich dem Juden noch länger diene.

Bassanio, Leonardo von andern begleitet, treten auf.

Bassanio. Das mögt ihr thun, — aber laßt es so eilfertig geschehen, daß das Abendessen spätestens um fünf Uhr fertig ist. Laß mir diese Briefe bestellen, gebt die Livreen in Arbeit, und bittet Gratiano, bald in meine Wohnung zu kommen.

Ein Diener geht ab.

Lanzelot. Hin zu ihm, Vater!

Gobbo. Gott segne eure Gnaden!

Bassanio. Dank dir! Begehrst du etwas von mir?

Gobbo. Hier ist mein Sohn, Herr! ein armer Junge!

Lanzelot. Kein armer Junge, Herr, sondern des reichen Juden Diener, der wünscht, — Herr, — wie mein Vater specificiren wird. —

Gobbo. Er hat eine große Infection, *) wie die Franzosen zu sagen pflegen, — zu dienen.

Lanzelot. In der That, das Kurze und das Lange ist, ich diene dem Juden, und habe ein großes Verlangen, wie mein Vater specificiren wird.

Gobbo. Sein Herr und er, — mit Respect vor euer Gnaden, — können sich kaum vertragen, wie dicke Freunde und nahe Verwandte.

Lanzelot. Um kurz zu seyn, die Wahrheit ist, daß der Jude, da er mir Unrecht gethan hat, mich nöthigt, wie mein Vater, der, wie ich hoffe, ein alter Mann ist, — euch sortificiren **) wird.

---

*) Inolination.

**) Fortifier, bestätigen.

Gobbo. Ich habe hier ein Gericht Tauben, das ich euer Gnaden zu verehren wünsche, und mein Gesuch ist —

Lanzelot. Kurzum, das Gesuch impertinirt mich selbst, wie euer Gnaden von diesem redlichen alten Mann erfahren werden, der, ob ich es schon selbst sage, zwar alt, aber ein armer Mann, mein Vater ist.

Bassanio. Einer spreche für beide! — Was wollt ihr?

Lanzelot. Euch dienen, Herr!

Gobbo. Das ist der wahre Ungrund von der Sache, Herr!

Bassanio.

Wohl kenn' ich dich! Die Bitt' ist dir gewährt!
Scheilock, dein Herr sprach heut mit mir davon,
und fördert dich, wenn es Beförd'rung ist,
des reichen Juden Dienst verlassen, um
solch einem armen Edelmann zu dienen.

Lanzelot. Das alte Sprichwort ist recht schön zwischen Scheilock, meinem Herrn, und euch, gnädiger Herr, vertheilt. Ihr habt die Gnade Gottes, Herr, und er hat genug.

Bassanio.

Wohl sprichst du! Vater, geh mit deinem Sohn.

Nimm Abschied nun von deinem alten Herrn,
und suche meine Wohnung auf.

Zu einem Diener.

Ihr gebt
ihm eine reichere Livree, als die
Genossen von ihm haben. Sorgt dafür.

Lanzelot. Vater! — kommt! Ich soll keinen Dienst erlangen können? Nicht? Ich habe keine Zunge in meinem Kopf? — Gut! Er besieht seine flache Hand Ob ein Mensch in Italien eine schönere Tafel hat, die sich darbietet, damit auf die heilige Schrift zu schwören. — Ich werde gutes Glück haben. Aha! hier ist eine simple Lebenslinie! hier eine Kleinigkeit von Weibern! Ach! funfzehn Weiber sind nichts; eilf Wittwen und neun Mädchen, sind ein schmales Einkommen für einen Mann: und dann, dreimal dem Ertrinken zu entwischen, und in Gefahr zu schweben, das Leben an der Ecke eines Federbettes zu verlieren, — das ist ein simples Davonkommen! Wohlan! Wenn das Glück ein Weib ist, so ist's eine gute Dirne mit ihrer Waare. Kommt Vater, ich will im Augenblick von dem Juden Abschied nehmen.

Lanzelot und Gobbo gehen ab

Bassanio.

Ich bitte, Leonardo denk' daran!
Ist dieß gekauft und angeordnet, komm'

in Eile wieder, denn ich geb' ein Fest
heut meinen besten Freunden! Eile! Geh!

Leonardo.

Die größte Mühe wend' ich hierin an.

Gratiano tritt auf.

Gratiano.

Wo ist dein Herr?

Leonardo.

Da drüben geht er, Herr!

Gratiano.

Signor Bassanio! —

Bassanio.

Gratiano!

Gratiano.

Ein
Gesuch hab' ich an euch!

Bassanio.

Und schon erlangt.

Gratiano.

Ihr dürft mir's nicht versagen. Mit nach Belmont
geleiten muß ich euch!

Bassanio.

Ja, wohl! Dann müßt ihr!
Doch, höre nur, Gratiano! — gar zu wild,
zu rauh, zu keck in Worten bist du mir;
und das sind Gaben, die dir wohl anstehn;
in unsern Augen sind sie keine Fehler;
doch wo du nicht bekannt bist, scheinen sie
ein wenig allzufrei. — Drum bitt' ich, gieb
die Mühe dir mit ein'gen kalten Tropfen
von Sittsamkeit, den ausgelass'nen Geist
zu dämpfen, daß durch deine Wildheit ich,
da, wo wir hingehn, nicht mißdeutet werde,
und meine Hoffnungen verliere.

Gratiano.

Herr
Bassanio, hört mich; wenn ein sittig Kleid
ich mir nicht schaffe, schwatze mit Respect,
nur dann und wann ein Fluch; Gebetbuch in der
Tasche; ehrbar meine Mienen; ja
noch mehr, bei'm Gratias vor den Augen mir
den Hut nicht halt' und seufz' und Amen sage;
nicht allen Brauch der feinen Sitten übe,
wie einer, wohl studiert im trüben Schein,
der Großmama zu Liebe, — traut mir nie!

Bassanio.

Gut, eu'r Betragen werden wir ja sehn.

Gratiano.

Ja! doch heut' Abend schließ' ich aus! Ihr dürft
das nicht beachten, was wir heute thun.

Bassanio.

O nein! das wäre Schade! Eher bitt'
ich anzuthun den keckſten Schmuck der Lust.
Wir haben Freunde, die gern fröhlich sind.
Doch lebt mir wohl! Ich habe noch zu thun.

Gratiano.

Und ich muß zu Lorenzo und den Andern;
doch wir besuchen euch zum Abendmahl.

Alle gehen ab.

Dritte Scene.

Venedig. Ein Zimmer in Scheilocks Hause.

Jessica und Lanzelot.

Jessica.

Mich schmerzt es, daß den Vater du verläßt.
Dieß Haus ist Höll', und du, ein lust'ger Teufel,
nahmst einen Theil ihm der Langweiligkeit.
Doch lebe wohl! Ein Goldstück hier, für dich!

und Lanzelot, du siehst bei'm Abendbrodt
Lorenzo, Gast von deinem neuen Herrn,
gieb diesen Brief ihm, thu' es ins Geheim;
und somit Lebewohl! Ich möchte nicht,
daß mich mein Vater mit dir reden säh.

Lanzelot. Adieu! Thränen sprechen statt meiner Zunge. Schönste Heidin! Süßeste Jüdin! Wenn ein Christ nicht an dir zum Schelm wird, so bin ich in großer Täuschung. Aber, Adieu! Diese närrischen Tropfen ertränken beinah meinen männlichen Geist. Adieu!

Er geht ab.

Jessica.

Du guter Lanzelot! Gehab dich wohl! —
Ach, gräßlich ist die Sünde doch in mir,
daß ich mich schäm', des Vaters Kind zu seyn.
Doch bin ich gleich die Tochter seines Bluts,
bin ich's nicht seines Sinnes. O Lorenzo!
Wenn du dein Wort hältst, endet dieser Zwist;
dein liebend Weib dann werd' ich, und ein Christ.

Sie geht ab.

Vierte Scene.

Venedig. Eine Straße.

Gratiano, Lorenzo, Salarino und Salanio treten auf.

Lorenzo.

Ja, wir entwischen von dem Abendbrodt,
verkleiden uns in meinem Hauſ' und kehr'n
in einer Stunde wiederum zurück.

Gratiano.

Wir sind nicht völlig vorbereitet d'rauf.

Salarino.

Der Fackelträger ward noch nicht besprochen.

Salanio.

Nicht zierlich ausgeführt, wird es gemein
und besser dann, es wird nicht unternommen.

Lorenzo.

Vier Uhr ist's erst, zwei Stunden bleiben uns
zur Rüstung noch.

Lanzelot tritt auf mit einem Briefe.

Freund Lanzelot, was giebt's?

Lanzelot. Wenn's euch gefällt, dieß zu erbrechen, wird es euch wahrscheinlich angedeutet werden.

Lorenzo.

Ich kenne sie, bei Gott, die Hand ist schön!
und weißer noch, als das Papier, worauf
sie schrieb, ist diese schöne Hand, die schrieb.

Gratiano.

In Wahrheit, Liebes-Neuigkeiten.

Lanzelot.

Herr,
mit eurer Gunst —

Lorenzo.

Wohin?

Lanzelot. In Wahrheit, Herr, ich soll meinen alten Herrn, den Juden, zu meinem neuen Herrn, dem Christen, zum Abendbrodt einladen.

Lorenzo.

O warte! — Nimm dieß — sage Jessica,
der holden Jungfrau: nicht verfehl' ich sie!
Geh! sag' ihr's ins geheim.

Lanzelot geht ab.

Ihr Herren, wollt
ihr euch bereiten jetzt zum Maskenzug?
ich bin versehn mit einem Fackelträger.

Salarino.

Ja, wahrlich! und sogleich geh' ich danach.

Salanio.

Auch ich!

Lorenzo.

So trefft Gratiano dann und mich
in Gratiano's Wohnung binnen hier
und einer Stunde.

Salarino.

Wohl, das soll geschehn.

Salarino und Salanio gehen ab.

Gratiano.

Die schöne Jessica schickt' euch den Brief?

Lorenzo.

Dir sag' ich es. Sie schreibt mir, wie ich sie
aus ihres Vaters Haus' entführen soll,
wie sie versehn mit Edelstein' und Gold,
daß sie bereit schon hat ein Pagenkleid.
Erlangt der Jud', ihr Vater, je den Himmel,
geschieht's um seine holde Tochter nur!
und darf ein Unglück ihren Weg versperr'n,
gescheh' es nur mit der Entschuldigung,
daß sie vom Stamm irrgläub'ger Juden ist.

Komm, geh mit mir, lies dieß im Gehen durch.
Mein Fackelträger ist dieß schöne Kind.

Sie gehen ab.

Fünfte Scene.

Venedig. Vor Scheilocks Hause.

Scheilock und Lanzelot treten auf.

Scheilock.

Du wirst schon sehn, dein Aug' soll Richter seyn!
wie sehr verschieden sind der alte Scheilock
und der Bassanio! — He! Jessica! —
Du wirst nicht mehr anfüllen deinen Bauch,
wie du bei mir gethan! — Nun, Jessica! —
und schlafen, schnarchen, und das Kleid zerreißen! —
He! Jessica! sag' ich!

Lanzelot.

He! Jessica!

Scheilock.

Wer heißt dich rufen? Ich gebot dir's nicht.

Lanzelot. Euer Gestrengen pflegten immer zu sagen, ich könne nichts ungeheißen thun.

Jessica tritt auf.

Jessica.

Ihr ruft? Was steht in eurem Willen?

Scheilock.

Kind,

ich bin zum Abendessen eingeladen!
Hier hast du meine Schlüssel! — Warum geh' ich?
Aus Liebe bin ich nicht gebeten; nur
aus Schmeichelei! Und dennoch will ich gehn
aus Haß, auf den verschwenderischen Christen
zu zehren! Jessica, mein Mädchen! Acht'
auf's Haus! — Ich habe keine Lust zu gehn!
Es braut ein Unglück wider meine Ruh!
Geldsäcke sah ich diese Nacht im Traum.

Lanzelot. Ich ersuche euch, Herr, zu gehn. Mein junger Herr erwartet euren Vorwurf.

Scheilock. Und ich den seinen.

Lanzelot. Und sie haben sich zusammen verschworen. — Ich will nicht sagen, daß ihr eine Maskerade sehen werdet, wenn ihr sie aber seht, so war's nicht umsonst, daß meine Nase zu bluten anfing am letzten Ostermontag des Morgens um sechs Uhr, der in dem Jahre auf den Tag fiel, wo vier Jahre vorher Aschermittwoch war.

Scheilock.

Wie? Masken giebt es. Höre Jessica!

Verschließ die Thüren! Hörst du Trommeln, und
krummhals'ger Pfeifen widriges Gequäck,
so klett're mir nicht an die Fenster auf,
noch dräng' hinaus den Kopf, die Christennarr'n
mit dem bemalten Antlitz anzuschau'n.
Verstopfe meines Hauses Ohren mir,
die Fenster mein' ich! Laß den eitlen Schall
der Narrheit nicht in mein ehrbares Haus!
Bei Jakobs Stabe schwör' ich; heute Nacht
hab' ich nicht Lust zu schwärmen! — Dennoch will
ich gehen! — Geh voran, und sage: Bursch,
ich würde kommen.

Lanzelot.

Herr, ich geh' voran!

Heimlich zu Jessica.

Am Fenster, Fräulein, guckt trotz alle dem!
denn vorbei kommt hier ein Christ,
der 'ner Jüdin würdig ist.

Er geht ab.

Scheilock.

Was sagt der Narr von Hagars Stamme? He?

Jessica.

Er sprach: Lebt wohl mein Fräulein! — Weiter nichts!

Scheilock.

Der Narr ist gut genug, jedoch ein Fresser
von ungeheurer Art, und zum Gewinn

der Schnecke gleich. Er schläft bei Tage mehr,
als wilde Katzen. Drohnen duld' ich nicht!
D'rum trennt' ich mich von ihm, und überließ
ihn einem, dem ich wünsche, daß er ihm
den aufgeborgten Beutel leeren helf'.
Gut, Jessica! geh' jetzt hinein! Vielleicht
komm' ich sogleich zurück! Thu, wie ich dir
geboten! — Schließ' die Thüren hinter dir;
denn, fest gebunden, fest gefunden, sagt
ein Sprichwort, das ein Hauswirth nie beklagt.

Er geht ab.

Jessica.

Lebt wohl! — Und ist das Glück nicht feindlich mir,
verlor den Vater ich, die Tochter, ihr!

Sie geht ab. Gratiano und Salarino treten auf.

Gratiano.

Dieß ist das Vordach, unter dem Lorenzo
uns Stand zu halten hieß.

Salarino.

Vorüber ist
die Stunde bald.

Gratiano.

Mich wundert's, daß er sie
versäumt; denn immer laufen Liebende
der Uhr voraus.

Salarino.

O zehnmal schneller fliegt
der Venus Taubenpaar, den neuen Bund
der Liebe zu besiegeln, als gewohnt
sie sind, zu halten fest der Treue Pflicht.

Gratiano.

So überall! Wer steht wohl auf vom Mahl
mit reger Eßlust, wie er sich gesetzt?
Wo ist das Pferd, das die langweil'ge Bahn
von neuem läuft, mit ungeschwächter Glut,
als es zuerst sie lief? Ein jedes Ding
wird mit mehr Geist erjaget, als genossen.
Wie gleich dem Jüngling oder dem Verschwender
eilt das beflaggte Schiff aus heimscher Bucht,
geküßt, umarmt, vom buhlerischen Wind!
Wie kehrt es, dem Verschwender gleich, zurück,
mit abgenutzter Ripp', zerlumpten Segeln
kahl, nackt, erschöpft vom buhlerischen Wind!

Lorenzo tritt auf.

Salarino.

Hier kommt Lorenzo! Mehr davon hernach.

Lorenzo.

Entschuldigt, lieben Freunde, den Verzug,
nicht ich ließ warten euch, nur mein Geschäft.
Gefällt es euch, den Weiberdieb zu spielen,

wart' ich so lange auch auf euch. Nun kommt!
Hier wohnt mein Vater Jude! — He! Wer da?

Jessica von oben in Knaben-Kleidern.

Jessica.

Wer seyd ihr? Sprecht! zu größ'rer Sicherheit;
obwohl ich schwör', ich kenne euren Laut.

Lorenzo.

Lorenzo! deine Liebe.

Jessica.

Ja, Lorenzo!
und meine Liebe! wahrlich! denn, wen lieb'
ich also? und wer weiß nun, außer euch
Lorenzo, ob ich euer bin?

Lorenzo.

Der Himmel
ist Zeuge dessen, und dein eigner Sinn.

Jessica.

Fang' auf dieß Kästchen! 'S ist der Mühe werth.
Mich freut die Nacht, und daß ihr mich nicht seht,
denn meines Tausches schäm' ich mich gar sehr.
Doch Lieb' ist blind! Verliebte sehen nicht
die art'ge Thorheit, die sie selbst begehn.
Vermöchten sie's, Kupid' erröthete,
als Knabe so verwandelt mich zu sehn.

Lorenzo.

O komm herab. Du trägst die Fackel mir.

Jessica.

Wie? muß ich selbst beleuchten meine Schmach?
Sie steht, fürwahr! schon allzusehr im Licht.
Ei, Liebster, 's ist ein Amt, das mich verräth,
ich muß verdunkelt seyn.

Lorenzo.

Das bist du, Süße,
im holden Schmuck des Knaben schon; doch komm
sogleich herab!
Die dichte Nacht spielt schon den Flüchtling, man
erwartet uns bei'm Fest Bassanio's.

Jessica.

Ich schließ' die Thüren zu, vergolde mich
mit mehr Ducaten, und bin gleich bei euch.

Sie geht ab.

Gratiano.

Bei meiner Kapp', — Ein Engel! keine Jüdin! — 4)

Lorenzo.

Verwünscht mich, — lieb' ich nicht von Herzen sie!
denn sie ist klug, wenn ich urtheilen kann;
und schön ist sie, wenn meine Augen treu;
und treu ist sie, wie sie sich selbst bewährt.

Und darum, wie sie klug und schön und treu,
bewohne sie mein stets beständ'ges Herz.

Jessica tritt auf.

Nun, bist du da? Ihr Herren auf und fort!
Die Freund' in ihren Masken warten dort.

Lorenzo, Jessica und Salarino gehen ab. Antonio tritt auf.

Antonio.

Wer da?

Gratiano.

Signor Antonio!

Antonio.

O pfui!
Gratiano, wo sind all' die Andern? Neun
ist schon die Uhr, die Freunde harr'n auf euch.
Kein Maskenzug! Der Wind hat sich gewendet.
Bassanio will sogleich an Bord. Ich schickt'
euch aufzusuchen, zwanzig Bothen aus.

Gratiano.

Das ist mir lieb! Nichts, was mich froher macht,
als lichten noch die Segel vor der Nacht.

Beide gehen ab.

Sechste Scene.

Belmont. Ein Zimmer in Portia's Hause.

Tusch von Hörnern. Portia tritt auf, mit dem Prinzen von Marocco und beider Gefolge.

Portia.

Geht! zieht den Vorhang auf. Entfaltet nun
die Kästchen diesem edlen Prinzen all'!
Nun trefft die Wahl.

Marocco.

Von Gold das erste, das die Inschrift trägt:
„Wer mich erwählt, gewinnt, was mancher wünscht!"
Das zweite, silbern, führet die Verheißung:
„Wer mich erwählt, erhält, was er verdient."
Das dritte, plumpes Blei, verwarnet plump:
„Wer mich erwählt, der giebt und wagt sein All'!"
Wie nun erfahr' ich, ob ich recht gewählt?

Portia.

Das eine, Prinz, enthält mein Bildniß! Wählt
ihr dieß, bin ich die Eurige damit.

Marocco.

So lenk' ein Gott mein Urtheil! Laßt mich sehn!

Ich muß die' Inschrift wieder überschau'n.
Was kündet mir dieß Kästchen an, von Blei?
„Wer mich erwählt, der giebt und wagt sein All'!“
Der giebt; — wofür? — für Blei! und wagt für Blei!
Dieß Kästchen droht: Ein Mensch, der alles wagt,
in Hoffnung schönen Vortheils thut er es.
Ein goldner Sinn neigt sich zu Schlacken nicht;
d'rum geb' ich nichts, und wage nichts für Blei.
Was sagt das Silber mit der Jungfrau'n Farbe?
„Wer mich erwählt, erhält was er verdient.“
So viel als er verdient? — Marocco halt!
und wäge dein Verdienst mit fester Hand.
Wenn man mich so, wie ich mich selber, schätzt,
verdienest du genug! allein genug
kann bis zum Fräulein doch nicht dehnen sich; —
Indeß, besorgt seyn über mein Verdienst,
das wäre schwaches Mißtrau'n meiner selbst.
So viel als ich verdient! — Das ist das Fräulein!
Durch die Geburt verdien' ich es, durch Glück,
durch Anmuth und Erziehungsgaben; doch
bei weitem mehr verdien' ich sie durch Liebe!
Wie? schweif' ich nun noch weiter? wähl' ich hier?
Den Spruch in Gold gegraben, noch einmal!
„Wer mich erwählt, gewinnt, was mancher wünscht!“
Das ist das Fräulein! Alle Welt ersehnt's.
Sie kommen von vier Erdenecken her,
um diesen Schrein, um diese Heilige,

die sterblich athmende zu küssen. Selbst
Hyrcaniens Wüsten, und die große Wildniß
Arabiens, sind Durchfahrten nun
für Fürsten, die zur schönen Portia gehn.
Das Wasserreich, deß ehrgeitzvolles Haupt
speit in's Gesicht des Himmels, hemmet nicht
und hält nicht ab die fremden Gäste; nein,
darüber gehts, als wär' es nur ein Bach,
die schöne Portia zu sehen. Eins
von diesen drei'n, enthält ihr himmlisch Bild;
Das Blei? — Verdammlich wär' der niedrige
Gedank'! Es darf zu roh, zerreißen nicht.
ihr Sterbekleid in dunkler Gruft.
Soll ich denn glauben, Silber schließ' sie ein,
wohl zehnmal schlechter, als geläutert Gold?
O sündiger Gedanke! Nimmer ward
ein Kleinod solchen Werthes eingefaßt,
in etwas Schlechterem, als Gold. Es giebt
in England eine Münze, die das Bild
von einem Engel trägt, geprägt in Gold;
der ist darauf gedrückt, allein hier liegt
ein Engel ganz in einem goldnen Bett.
Den Schlüssel gebt mir her! Hier wähl' ich! hier!
und wie es immer komm', gedeih' es mir.

Portia.

Hier! nehmt ihn, Prinz! und ist mein Bild darin,
so bin ich Eu'r!

Er öffnet das Kästchen.

Marocco.

O, Hölle! Was ist das?
Ein Todenkopf! In dessen hohlem Aug'
ein Zettel! — Lesen will ich diese Schrift!

„All' was schimmert, Gold ist's nicht.
Oft vernehmt ihr, daß man spricht.
Manchen floh das Lebenslicht,
weil er mir sah in's Gesicht.
Wurm vergoldet Holz zerbricht. 5)
Wärt ihr klug, wie kühn, und nicht
jung an Leib nur — von Gewicht;
reif im Urtheil, kündet nicht
diese Antwort mein Gedicht:
Packt euch! kalt ist eure Pflicht!

Kalt! wahrlich! Alle Müh' konnt' mir nicht frommen!
Glut! Lebe wohl! Du Frost, sey mir willkommen!
Portia, Adieu! Zu traurig ist mein Herz
für eklen Abschied! Scheide so mit Schmerz,
wer hier verliert.

Er geht ab.

Portia.

Beglücktes Ende! Zu
den Vorhang! Wer dir gleicht, wähl' auch wie du!

Alle gehen ab.

Siebente Scene.

Venedig. Eine Straße.

Salarino und Salanio treten auf.

Salarino.

Ja, Mann! Bassanio sah ich unter Segel!
Mit ihm ist Gratiano, doch gewiß
auf ihrem Schiffe war Lorenzo nicht.

Salanio.

Der schurk'sche Jude schrie den Herzog her,
der mit ihm ging, das Schiff Bassanio's
zu untersuchen.

Salarino.

Doch er kam zu spät,
das Schiff war unter Segel. Da erhielt
der Herzog dann die Nachricht, daß man hab'
gesehn in einer Gondel, den Lorenzo
mit der verliebten Jessica. Auch gab
Antonio dem Herzog die Versichrung,
sie wären nicht in des Bassanio Schiff.

Salanio.

Nie hört' ich so verwirrte Leidenschaft,

so seltsam, übertrieben, und verändert,
als dieser Hund von Jude auf den Straßen
herausstieß! „Meine Tochter! die Ducaten!
O, meine Tochter! Mit dem Christen fort!
O, meine christlichen Ducaten! Recht!
Gerichte! - die Ducaten! Meine Tochter!
Ein Sack Ducaten! wohl gesiegelt! Zwei
Ducaten-Säcke! Doppelte Ducaten!
gestohlen von der Tochter! und Juwelen —
zwei Steine, zwei gar kostbar reiche Steine!
gestohl'n von meiner Tochter! O Gerichte!
Das Mädchen findet! Bei sich hat sie die
Ducaten und die Steine!“

Salarino. Ja, alle Jungen aus Venedig folgen ihm, und schreien: seine Steine, seine Tochter, und seine Ducaten.

Salanio.

Der treffliche Antonio sorge nur,
daß er den Zahltag einhält, büßen sonst
muß er dafür.

Salarino.

In Wahrheit! Wohl erinnert!
Ich sprach mit einem Mann aus Frankreich gestern,
der mir erzählte: in der engen See,
die Frankreich trennt und England, sey ein Schiff
aus unsrem Reich verunglückt, wohl befrachtet.

Bei seiner Nachricht dacht' ich an den Freund
Antonio, wünschte still, daß es sein Schiff
nicht sey.

Salanio.

Sag' ihm, was du gehört; du mußt!
doch plötzlich nicht! betrüben könnt' es ihn.

Salarino.

Ein beß'rer Mann betritt die Erde nicht!
Ich sah Bassanio und Antonio scheiden,
Bassanio sagt' ihm: seine Rückkehr zu
beschleun'gen, woll' er sterben. — Thu' das nicht,
erwidert' er; brich dein Geschäft nicht ab
zu früh, um meinetwillen, Bassanio!
Erwarte, bis die Zeit es völlig reift.
Und, was die Schuldverschreibung anbetrifft,
die ich dem Juden ausgestellt, so komme
sie nimmer dir ins liebende Gemüth!
Sey fröhlich! Deine Hauptgedanken wend'
auf die Bewerbung und auf redliche
Bezeugungen der Liebe, wie sie dir
an jenem Ort geziemen werden. Da,
mit thränenvollem Auge wandt' er ab
sein Antlitz; streckte dann zurück die Hand,
und, wie von Liebe wunderbar gerührt,
drückt' er Bassanios Hand. So schieden sie.

Salarino.

Ich glaub', um seinetwillen liebt er nur
die Welt! Ich bitte, laß uns zu ihm gehn,
den Kummer zu erheitern, den er nährt,
mit irgend einer Freude!

Salanio.

Ja, so sey's!

Beide gehen ab.

Achte Scene.

Belmont. Ein Zimmer in Portia's Hause.

Nerissa und ein Diener treten auf.

Nerissa.

Schnell! schnell! Ich bitte! Rasch den Vorhang auf!
Der Prinz von Aragon schwor schon den Eid,
und kommt im Augenblick zu seiner Wahl!

Tusch von Hörnern. Der Prinz von Arragon tritt auf
Portia und beider Gefolge.

Portia.

Dort stehn die Kästchen! Seht nur, edler Prinz!
Sobald ihr wählt, das, was mein Bild enthält,
wird gleich gefeiert der Vermählungsbrauch.

Doch, fehlt ihr, müßt ihr ohn' ein weitres Wort
im Augenblick von hier.

Aragon.

Durch einen Eid
bin ich verpflichtet, dreierlei zu thun.
Zum ersten: keinem zu verrathen, welch
ein Kästchen ich gewählt; dann, irrte ich
und träf das rechte nicht, im Leben nie
um eine Frau zu werben, und zuletzt,
wenn mich das Glück bei meiner Wahl verläßt,
sogleich euch zu verlassen und zu gehn.

Portia.

Auf diese Vorschrift schwört ein jeglicher,
der, meines Unwerths wegen, kommt zu wagen.

Aragon.

Und so wag' ich! Begünstige o Glück,
des Herzens Wunsch! — Gold! Silber! schlechtes Blei!
„Wer mich erwählt, der giebt und wagt sein All'"
Dein Blick müßt' schöner seyn, eh' ich das gäb'
und wagte. Goldnes Kästchen! was sagst du?
Ha, laßt mich sehn! "Wer mich erwählt, gewinnt,
was mancher wünscht!" — Was mancher wünscht! —
Dieß Mancher
vermeint der Thoren Menge wohl, die nur

nach Scheine wählt, und die nichts weiter lernt,
als was ein thöricht Aug' sie lehren kann;
die nicht in's Innre schaut; der Schwalbe gleich
im Wetter baut an einer Außenwand
recht auf der Bahn und in der Kraft des Zufalls.
Ich wähle nicht, was mancher Mensch begehrt,
weil mit gemeinen Geistern ich nicht stimmen
noch zur Barbaren-Schaar mich ordnen mag.
Du silbern Schatzgehäuse, dann zu dir!
Laß sehen mir noch einmal deinen Spruch.
„Wer mich erwählt, erhält, was er verdient."
Recht schön gesagt! Denn keiner unternimmt,
das Glück zu tragen, ehrenvoll zu seyn,
wenn ihn Verdienst nicht stempelt! Maße nie
ein Mensch sich unverdiente Würden an!
O, würden Aemter, Reichthum, Rang,
doch nicht erschlichen! Würde reine Ehre
doch durch Verdienst des Trägers nur erlangt!
Wie mancher wär' bedeckt, der jetzt entblößt?
wie mancher müßte dienen, der gebietet?
Wie viel des niedren Volkes würd' erlesen,
aus wahrer Ehre Saat, wie viel der Ehr'
aus Spreu, — dem Ueberrest der Zeit gesondert,
um neu zu glänzen? — Doch! — anjetzt zur Wahl!
„Wer mich erwählt, erhält, was er verdient."
Nein, das Verdienst! Gebt mir den Schlüssel her!
und augenblicklich schließ' ich auf mein Glück!

Portia.

Zu lange Frist für das, was ihr da findet!

Aragon.

Was ist das? Eines Dummkopfs blinzend Bild,
das einen Zettel darreicht. Ich will's lesen!
O, gar nicht gleich bist du der Portia!
Wie ungleich meinem Hoffen und Verdienst!
„Wer mich erwählt, erhält, was er verdient!“
Verdient' ich mehr nicht, als den Narrenkopf?
Ist das mein Werth? Verdien' ich Beß'res nicht?

Portia.

Fehlen und richten, sind getrennte Aemter,
und widersprechender Natur!

Aragon.

Was dieß?

„Siebenmal geklärt in Glut,
ward dieß Silber! So auch gut
ist das Urtheil, das nicht ruht,
bis es recht gewählt mit Muth!
Schatten küßt oft junges Blut,
dem wird Schatten Segensgut.
Mancher Narr steht auf der Hut,
silbern ganz, wie der hier ruht.
Nehmt zum Weibe, wen ihr wollt,

stets bleibt euch mein Haupt gezollt.
Eilig, Herr, nun abgetrollt!«

Immer mehr schein' ich ein Narr,
wie ich länger hier verharr'!
Mit einem Narrenkopf kam ich zu frei'n,
doch ich gehe nun mit zwei'n!
Süße, lebt wohl! Ich halte meinen Eid!
und in Geduld trag' ich mein Leid!

Der Prinz geht mit seinem Gefolge ab.

Portia.

So senget Licht die Motte heut'.
O, die vorsicht'gen Narren! wenn sie wählen,
macht ihre Weisheit sie durch Witzeln fehlen.

Nerissa.

Die alte Sag' ist keine Ketzerei,
daß Frei'n und Hängen bloße Schickung sey.

Portia.

Komm! Zieh den Vorhang wieder zu, Nerissa.

Ein Diener tritt auf.

Diener.

Wo ist das Fräulein?

Portia.

Hier! Was will mein Herr?

Diener.

Mein Fräulein, eben stieg an eurem Thor
ein Jüngling aus Venedig ab, voraus
zu melden euch die Ankunft seines Herrn;
von dem er artige Grüße für euch bringt;
das heißt: Empfehlungen in zarten Worten,
nebst Gaben reichen Werths. Noch sah ich nie
solch einen schönen Liebesabgesandten.
Nie kam wohl im April ein Tag, so schön
zu zeigen, wie der Sommer herrlich naht,
als dieser Bothe vorgeht seinem Herrn.

Portia.

Nichts mehr, ich bitte dich! ich fürchte fast
du wirst gleich sagen, er sey dir verwandt,
weil du ihn preißt mit solchem Festtagswitz.
Komm, komm, Nerissa! mich verlangt zu sehn,
Kupido's Schnellpost, die uns naht so schön!

Nerissa.

Bassanio, Gott der Liebe! laß uns sehn!

Alle gehen ab.

Dritter Aufzug.

Erste Scene.

Venedig. Eine Straße.

Salanio und Salarino treten auf.

Salanio.

Nun? Was giebt es Neues auf der Börse?

Salarino. Ja, noch ist das Gerücht nicht gehemmt, daß ein Schiff des Antonio mit reicher Ladung in der Meerenge gescheitert sey. Die Grodwins, glaub' ich, nennen sie die Stelle; eine sehr gefährliche Sandbank, und unheilbringend! Man sagt, daß da die Gerippe manches stattlichen Schiffs begraben liegen, wenn die Frau Gevatterin Sage eine rechtschaffene Frau von Wort ist.

Salanio. Ich wünschte, sie wäre eine so lügenhafte Gevatterin, als je eine Ingwer kaute, und ihre Nachbarn glaubend machte, daß sie um den Tod ihres dritten Mannes weine. Aber, ohne den Fehltritt der Weitschweifigkeit, und ohne die ebene

Landstraße des Gesprächs zu kreutzen, sage mir: ist es wahr, daß der gute Antonio, daß der rechtschaffene Antonio, — o daß ich eine Bezeichnung wüßte, welche gut genug wäre, seinem Namen Gesellschaft zu leisten! —

Salarino. Komme nur zum vollen Schluß.

Salanio. Ha, — was sagst du? — Ja das Ende ist, er hat ein Schiff verloren.

Salarino. Ich wünschte, das wäre das Ende seiner Verluste.

Salanio. Laß mich bei Zeiten Amen sagen, damit der Teufel mein Gebet nicht kreutze, denn hier kommt er in der Gestalt eines Juden.

Scheilock tritt auf.

Nun, Scheilock, was giebt es Neues unter den Kaufleuten?

Scheilock. Ihr wußtet, — keiner so gut, keiner so gut, als ihr! — um meiner Tochter Flucht.

Salarino. Das ist gewiß! Ich für mein Theil kannte den Schneider, der ihr die Schwingen zum Wegfliegen machte.

Salanio. Und Scheilock, an seinem Theil, wußte, daß der Vogel flügge war, und dann ist's die Art aller Vögel, daß sie die Alte verlassen.

Scheilock. Sie ist verdammt darum.

Salarino. Das ist gewiß, wenn der Teufel ihr Richter ist.

Scheilock. Mein eigen Fleisch und Blut rebellirt.

Salanio. Rebellirt? — altes Aas! — bei diesem Alter noch?

Scheilock. Ich sage, meine Tochter ist mein Fleisch und Blut.

Salarino. Zwischen deinem Fleisch und dem ihrigen, ist ein größerer Unterschied, als zwischen einem schwarzen Agat und Elfenbein; zwischen deinem Blut und dem ihrigen ein größerer, als zwischen rothen Wein und Rheinwein. Aber sagt uns, habt ihr davon gehört, ob Antonio einen Verlust zur See gehabt hat, oder nicht?

Scheilock. Da hab' ich noch einen andern schlimmen Handel! — Ein Banquerottirer, ein Verschwender, der seinen Kopf kaum auf der Börse sehen lassen darf; ein Bettler, der so schmuck auf den Markt zu kommen pflegte! Er mag sich vorsehen mit seiner Schuldverschreibung. Er pflegte mich immer einen Wucherer zu nennen! Er mag sich vorsehen mit seiner Schuldverschreibung! Er war gewohnt, sein Geld aus christlicher Liebe auszuleihen. — Er sehe sich vor mit seiner Schuldverschreibung!

Salarino. Nun, ich weiß doch gewiß, daß

du, wenn er fallen sollte, sein Fleisch nicht nehmen würdest. Wozu wäre das gut?

Scheilock. Fische da mit zu ködern. Wenn es nichts andres nährt, so nährt es meine Rache. Er hat mich verunehrt; er hat mir eine halbe Million gehindert; Er lachte bei meinen Verlusten, spottete meines Gewinns, verachtete mein Volk, hemmte meine Handelsgeschäfte, erkältete meine Freunde, erhitzte meine Feinde! — Und warum? Ich bin ein Jude! Hat ein Jude keine Augen? Hat ein Jude keine Hände? keine Werkzeuge, keine Glieder? Sinne, Neigungen, Leidenschaften? Mit derselben Speise genährt, verletzt mit denselben Waffen, denselben Krankheiten unterworfen, von denselben Mitteln geheilt, erwärmt und erkältet, von eben dem Winter und Sommer, wie der Christ? Wenn ihr uns stecht, bluten wir nicht? Wenn ihr uns kitzelt, lachen wir nicht? Wenn ihr uns vergiftet, sterben wir nicht? Und wenn ihr uns beleidigt, sollen wir uns nicht rächen? Sind wir euch in allem Uebrigen ähnlich, so wollen wir euch auch darin ähnlich seyn. Wenn ein Jude einen Christen beleidigt, was ist seine Demuth? — Rache! — Wenn ein Christ einen Juden beleidigt, was soll seine Duldsamkeit seyn nach christlichem Beispiel? — Ei, Rache! Die Schlechtheit, die ihr uns lehrt, will ich in's Werk setzen, und es müßte hart hergehen, wenn ich es der Lehre nicht zuvorthäte.

Ein Diener tritt auf.

Diener. Meine Herrn, mein Herr Antonio ist zu Hause, und wünscht euch zu sprechen.

Salarino. Wir haben ihn überall aufgesucht.

Tubal tritt auf.

Salanio. Hier kommt noch einer von seinem Stamm! Ein dritter kann mit ihnen nicht gepaart werden, wenn nicht der Teufel selbst ein Jude wird.

Salarino, Salanio und der Diener gehen ab.

Scheilock. Nun, Tubal! Was Neues von Genua? Hast du meine Tochter gefunden?

Tubal. Oft kam ich dahin, wo ich von ihr hörte, aber finden kann ich sie nicht.

Scheilock. Ei da, da, da, da! Ein Diamant fort, kostete mir zweitausend Ducaten in Frankfurth! Der Fluch traf niemals unser Volk bis jetzt! Ich fühlt' ihn nie bis jetzt! — Zweitausend Ducaten dafür! — und andre kostbare, kostbare Juwelen! — Ich wünschte, meine Tochter läge todt zu meinen Füßen, und die Juwelen in ihrem Ohr! Ich wünschte, sie läge auf der Bahre zu meinen Füßen, und die Ducaten in ihrem Sarge! Keine Nachricht von ihnen! — Ei, so! — und ich weiß nicht, was bei'm Nachspüren drauf geht! — Ei, du Verlust über Verlust! Der

Dieb mit so viel davon gelaufen, und so viel, den Dieb zu finden! Und keine Genugthuung! keine Rache! Kein Unglück regt sich, als was auf meinen Schultern liegt, keine Seufzer, als die ich ausathme! Keine Thränen, als die ich vergieße!

Tubal. Ja, andre Leute haben auch Unglück! Antonio, — wie ich in Genua hörte —

Scheilock. Was? was? was? Unglück? Unglück?

Tubal. Hat eine Galeone verloren, die von Tripolis kam!

Scheilock. Ich danke Gott! Ich danke Gott! — Ist es wahr? Ist es wahr?

Tubal. Ich sprach mit einigen Matrosen, die vom Schiffbruch sich gerettet.

Scheilock. Ich danke dir, guter Tubal! — Gute Nachricht! Gute Nachricht! Ha ha! — Wo? in Genua?

Tubal. Eure Tochter verschwendete in Genua, wie ich hörte, in einer Nacht achtzig Ducaten.

Scheilock. Du stichst mir einen Dolch ins Herz! — Ich werde mein Geld nie wieder sehn. Achtzig Ducaten in einer Nacht! Achtzig Ducaten!

Tubal. Es reiseten verschiedne von Antonios

Gläubigern in meiner Gesellschaft nach Venedig, die darauf schworen, daß er durchaus fallen müsse.

Scheilock. Das freut mich! Ich will ihn quälen! Ich will ihn foltern! Das freut mich!

Tubal. Einer von ihnen zeigte mir einen Ring, den er von eurer Tochter für einen Affen bekommen hatte.

Scheilock. Daß sie die Pest! Du folterst mich, Tubal! Das war mein Türkis. Ich bekam ihn von Lea, als ich ein Junggesell war. Ich würd' ihn nicht um eine ganze Wildniß von Affen gegeben haben.

Tubal. Aber Antonio ist zuverlässig verloren.

Scheilock. Ja, das ist wahr! das ist sehr wahr! Geh, Tubal, miethe mir einen Gerichtsdiener! besprich ihn vierzehn Tage vorher! Ich will sein Herz haben, wenn er mir verfällt; denn ist er aus Venedig fort, so kann ich handeln, wie ich will. Geh, geh, Tubal! und triff mich bei unsrer Synagoge! Geh, geh! guter Tubal! Bei unsrer Synagoge, Tubal!

Sie gehen ab.

Zweite Scene.

Belmont. Ein Zimmer in Portia's Hause.

Bassanio, Portia, Gratiano, Nerissa und Gefolge treten auf. Die Kästchen sind ausgestellt.

Portia.

Ich bitt' euch, säumt! Weilt einen Tag und zwei,
bevor ihr wagt! Denn wählt ihr falsch, verlier'
ich euren Umgang. Zaudert darum noch
ein Weilchen. Etwas — Liebe nicht — sagt mir:
ungern verlör' ich euch; und, — wie ihr wißt —
es räth der Haß auf solche Weise nicht.
Doch, daß ihr mich nicht mißverstehen mögt,
— wiewohl ein Mädchen lieber denkt, als spricht; —
so wünscht' ich einen Monat oder zwei
euch aufzuhalten, eh' ihr für mich wagt.
Ich könnt' euch lehr'n, wie ihr mich recht müßt wähl'n;
könnt' brechen meinen Eid, das will ich nicht. —
Doch! wenn ihr mich verfehlet? — Thut ihr es,
macht ihr mich sündlich wünschen, hätt' ich doch
nur falsch geschwor'n. Verwünschte Augen, die
mich übersehen mich und mich getheilt!
Ich bin halb eu'r! — zur andern Hälfte, — eu'r.

— Mein, wollt' ich sagen; doch wenn mein, dann eu'r;
und so ganz eu'r! O, der bösen, bösen Zeit,
die zwischen Eignern sich und ihrem Recht
eindämmt! Und so, ob euer gleich, nicht eu'r!
Beweißt sich's so, dann, Glück, zur Hölle fahr'
ich nicht! – Verzeiht, zu lange red' ich, um
die Zeit zu dehnen, zu verzögern, in
die Länge sie zu ziehn, euch vor der Wahl
noch aufzuhalten.

Bassanio.

Nun zur Wahl! wie jetzt
ich lebe, leb' ich auf der Folter!

Portia.

Wie?
Bassanio? auf der Folter? dann bekennt,
was für ein Hochverrath gemischt sich hat
in eure Liebe.

Bassanio.

Nur der Hochverrath
des Mißtrauns, daß ich zweifle am Genuß
des Glücks. Es könnte eher sich verein'n
der Schnee mit Feuer in lebend'ger Freundschaft,
als meine Liebe mit Verrath.

Portia.

Ich fürcht',

ihr sprecht jetzt auf der Folter, wo der Mensch
gezwungen wird, zu sagen, was man will.

Bassanio.

Versprecht mir Leben, und die Wahrheit will
ich euch bekennen.

Portia.

So bekennt, und lebt!

Bassanio.

Bekennt, und liebt, das ist die ganze Summe
von dem, was ich euch zu bekennen weiß.
Beglückte Folter! wenn der Folterer
die Antwort zur Errettung selber lehrt.
Doch laßt mich zu den Kästchen und zum Glück!

Portia.

Hinzu denn! Eins von ihnen schließt mich ein:
wenn ihr mich liebt, so findet ihr mich aus.
Nerissa und ihr andern tretet weg.
Musik ertöne während seiner Wahl,
damit er, — fehlend, ende schwanengleich
hinzehrend in Musik! — Das Gleichniß wird
vollkommen noch. — Mein Auge sey der Strom,
sein wässrig Todtenbett! — Gewinnen kann er! —
Und was ist dann Musik? Dann ist Musik
wie Jubelklang, wenn sich ein treues Volk
dem neugekrönten Fürsten neigt; sie gleicht

den süßen Tönen, die bei Tagsanbruch
im Traum sich schleichen in des Bräut'gams Ohr,
und ihn zur Hochzeit laden. — Er geht jetzt
nicht minder muthig, aber liebender,
so wie Alcid, der Jüngling, welcher einst
erlöste Troja vom Tribut der Jungfrau'n,
den heulend es dem Ungeheu'r des Meer's
bezahlte. Ich, als Opfer, steh', die fern,
Getretnen sind dardan'sche Frauen, die
mit Thränen kamen, um der That Erfolg
zu sehn! — Geh, Herkules! Leb' du! So leb'
auch ich! Mit ungleich größ'rer Pein
seh' ich den Kampf, als du ihn gehest ein.

Musik während Bassanio sich über die Kästchen mit sich selbst beräth.

Gesang

Erste Stimme.

Sagt, wo Liebe wird erregt?
Ob die Brust, das Haupt sie trägt?
Wie erzeugt, und wie gepflegt?

Zweite Stimme.

In dem Aug' ihr Seyn entspringt,
Schauen nährt sie, todt sie sinkt
in der Wiege, die sich schwingt.
Laßt uns ziehn die Sterbeglock'!
Ich beginne: Kling, Klang, Glock!

Beide Stimmen.

Kling! Klang! Glock'!

Bassanio.

So ist der äuß're Schein am wenigsten,
was er verheißt. Die Welt wird immerdar
vom Schmuck getäuscht. Im Recht, wo ist ein Streit,
so fälschlich und verderbt, daß, ausgeschmückt
von einer schönen Stimm', er nicht den Schein
des Bösen dunkelt? — In der Religion,
wo ein verdammter Irrwahn, den ein Haupt
voll Ehrbarkeit nicht heiligt und gut heißt,
mit einem Text, der alle Unvernunft
mit Redner-Schmuck verhüllt? Kein Laster ist
so albern, daß es von der Tugend nicht
ein Zeichen sich anmaße im Aeußeren.
Wie manche Memme, deren Herz so falsch,
wie Stufen Sands, tragen an ihrem Kinn
den Bart des Hercules und zorn'gen Mars,
ist ihre Leber innerlich gleich Milch.
Sie nehmen an den Auswuchs nur des Muthes,
um furchtbar sich zu machen. Schaue nur
die Schönheit an; du findest sie erkauft
nach dem Gewicht, das Wunder der Natur
daran bewirkt; und jene, die davon
am meisten tragen, zu den leicht'sten macht.
So sind die krausgeschlängelt goldnen Locken,

muthwillig in den Lüften flatternd, an
vermeinter Schönheit; oftmals kennt man sie
als Mitgift eines andren Haupts. Der Schädel,
der sie genährt, liegt in der Gruft. So ist
die Zier denn nur das trügerische Ufer
gefahrenvollster See; ein weißer Schlei'r,
der Indiens Schönen birgt; mit einem Wort,
scheinbare Wahrheit, die die schlaue Zeit,
um Weise zu berücken, angelegt.
D'rum, gleißend Gold! des Midas harte Nahrung,
ich mag dich nicht; noch dich, der zwischen Mensch
und Menschen, als ein niedrer bleicher Sclave,
du tagewerkst. Nur du, du magres Blei,
das eher droht, als etwas mir verspricht,
dein einfach Wesen ist beredter mir,
als Worte! — Glück, sey hold! ich wähle hier!

Portia.

Wie jede andre Leidenschaft nun schwindet!
als: Zweifel, und Verzweiflung, rasch begründet,
die Schau'r der Furcht; der Eifersucht Schelblicken!
O Liebe, mäß'ge, mindre dein Entzücken!
Beschränk' der Wonne übermäß'gen Regen.
Vermindre ihn! zu tief fühl' ich den Segen!
Ich fürcht', es ist zu viel!

Bassanio, indem er das Kästchen öffnet.

Was find' ich? — Bild

der schönen Portia! welcher Halbgott kam
so nah der Schöpfung? — Lebt dieß Aug'?
Erscheint's vielleicht auf meiner Augen Rund
nur in Bewegung? Lippen öffnen sich
getrennt von süßem Athem. Scheiden muß
so süße Freunde solche süße Schranke!
Der Mahler spielte Spinn' in ihrem Haar,
und wob ein goldnes Netz, darin zu fahn
der Männer Herzen, fester, wie die Mück'
im Spinngewebe. Doch die Augen! wie
vermocht' er sie zu sehn, um sie zu mahlen?
Ich dächte, da er eins gemahlt, es mußt'
ihm seine beiden rauben; ungepaart
dann müßt' es bleiben. Doch, so weit zurück
die Wahrheit meines Lobs dem Schatten bleibt,
und zu gering ihn schätzt, so weit auch hinkt
der Schatten hier der Wahrheit nach. Hier ist
ein Zettel, der Inhalt meines ganzen Glücks.

„Ihr, der nicht gewählt nach Schein,
traft es schön, und wähltet rein!
Da dieß Glück euch traf allein,
Sollt ihr auch zufrieden seyn.
Sucht nicht Anderer Gewinn,
findet euren Segen d'rin.
Wendet euch zur Schönen hin,
sucht den Kuß mit Liebessinn!“

Ein mildes Blatt! erlaubt mir! holde Wangen!

Er küßt sie.

Ich komm', auf Schein zu geben, zu empfangen;
wie der, der um den Preiß mit andern ringt,
und glaubt, daß vor dem Volk es ihm gelingt,
den Beifall hörend, Jubel allgemein,
im Geiste taumelnd hinstarrt, voller Pein,
ob dieses Lobes Jubel ihm gebühr;
so, dreimal-holdes Fräulein, steh' ich hier,
voll Zweifel, ob mir Wahrheit zugewandt,
bis ihr bestätigt, zeichnet: anerkannt.

Portia.

Ihr seht mich, Herr Bassanio, wo ich stehe,
so wie ich bin. Obwohl ich, für mich selbst
in meinem Wunsch nicht so ehrgeitzig bin,
viel besser mich zu wünschen! Doch für euch
ich wünsche hundertmal und tausendmal
mehr schön, zehntausendmal mehr reich zu seyn.
Nur um in eurer Schätzung hoch zu stehn,
möcht' ich an Tugend, Reichthum, Freunden, gern
unschätzbar seyn. Doch meine volle Summ'
ein kleines Etwas ist; im Ganzen ausgedrückt:
ein Mädchen, unbelesen, ungelehrt
und ohne Welt; — beglückt darin, daß es
zum Lernen nicht zu alt ist; — glücklicher
noch darin, daß zum Lernen ungeschickt

es nicht geboren ward; am glücklichsten,
daß sich ihr weicher Geist zur Leitung euch
dahin giebt, seinem Führer, König, Herrn.
Ich selbst, was mein, ist nun euch zugewandt
und Eurem! Eben war ich Herrin noch
des schönen Schlosses, aller meiner Leute,
die Kön'gin meiner selbst; und eben jetzt,
erst jetzt gehört dieß Haus, die Diener hier,
mein eignes Selbst, euch, Herr! — Mit diesem Ringe
verleih' ich sie! Doch trennt ihr euch von ihm,
verliert, verschenkt ihr ihn; so künd' euch das
der Liebe Sturz; und gebe mir das Recht
zur Klage wider euch.

Bassanio.

Mein Fräulein! habt
ihr doch der Worte mich beraubt! Das Blut
in meinen Adern spricht zu euch allein;
so im Tumult ist jede Kraft in mir,
wie man nach schön gesprochner Rede des
geliebten Fürsten, in der murmelnden
zufriednen Menge wohl bemerket; wo
ein jedes Etwas, in einander rinnend,
zu wildem Nichts — zum Jubelfest! — nur wird
gesagt und ungesagt. Doch, wenn der Ring
von diesem Finger weicht, dann weicht von hier
das Leben; sagt dann kühn, Bassanio
ist todt.

Nerissa.

Mein Herr! mein Fräulein! Jetzt geziemt
uns, die dabei gestanden, und gesehn,
wie unser Wunsch gedieh'n; daß wir uns nahn
zum Glückwunsch! Holdes Glück euch, Fräulein! Herr!

Gratiano.

Mein Herr Bassanio, und mein holdes Fräulein!
ich wünsch' euch alles Glück, das ihr nur wünscht!
denn sicher wünscht ihr keines von mir weg!
und, wenn ihr feiert euren Treuebund,
so bitt' ich eure Herrlichkeiten, daß
ich gleicher Zeit auch mich vermählen darf.

Bassanio.

Von Herzen gern, gewinnst du dir ein Weib.

Gratiano.

Ich dank' euch, Herr, denn ihr gewannt sie mir.
Mein Auge schaut so schnell als eures, Herr.
Ihr saht die Dam' und ich das Mädchen; ihr
verliebtet euch, ich auch! und der Verzug
schickt sich für mich so wenig, als für euch.
Auf jenen Kästchen ruhte euer Glück,
und so, — wie sich's gefügt, — das meinige;
denn, werbend hier, bis ich in Schweiß gesetzt,
und schwörend, bis mein Gaumen trocken ward

vom Liebesschwur, ward endlich dauerhaft,
— hat das Versprechen Dauer! — Liebe mir
von dieser Schönen zugesagt, im Fall,
daß euer Glück das Fräulein euch gewönne!

Portia.

Ist das gewiß, Nerissa?

Nerissa.

Fräulein, ja!
wenn ihr damit zufrieden.

Bassanio.

Und Gratiano,
ist's eure wahre Meinung?

Gratiano.

Meiner Treu'!

Bassanio.

Ihr ehrt durch eure Ehe unser Fest!

Gratiano. Wir wollen mit ihnen auf den ersten Jungen tausend Ducaten wetten.

Nerissa. Wie? und matt werden?

Gratiano. Nein! Wir werden niemals bei dem Spiel gewinnen und matt werden.
Doch wer kommt hier, Lorenzo? seine Heidin?
Salerio? Wie? mein venetian'scher Freund?

Lorenzo, Jessica und Salerio treten auf.

Bassanio.

Willkomm'n, Lorenzo und Salerio,
wenn meines neuen Glückes Jugend hier
die Macht, willkommen euch zu nennen, hat!
Erlaubt, — ich heiße meine liebsten Freund'
und Hausgenossen, schöne Portia,
willkommen!

Portia.

Und auch ich, mein Herr! sie sind
mir sehr willkommen.

Lorenzo.

Euer Gnaden Dank!
was mich betrifft, so war's mein Vorsatz nicht,
euch hier zu sehn; doch, als Salerio mir
begegnete, von ohngefähr, so bat
er mich, mit ihm zu gehn, und ich ging mit.

Salerio.

Das that ich, Herr, und habe Grund dazu.
Signor Antonio empfiehlt ihn euch.

Er giebt Bassanio einen Brief.

Bassanio.

Eh' ich den Brief eröffne, bitt' ich euch,
erzählt mir, wie's dem lieben Freund ergeht?

Salerio.

Nicht krank, Herr, wenn er's im Gemüth nicht ist;
nicht wohl, wenn im Gemüth nicht. Jener Brief
von ihm, wird seinen Zustand schildern euch.

Gratiano.

Nerissa, heitre dort die Fremde auf!
Willkommen heiße sie. Die Hand, Salerio!
Was bringt ihr neues von Venedig mit?
Wie geht's dem königlichen Kaufmann, dem
vortrefflichen Antonio? Ich weiß,
er freut sich unsres glücklichen Erfolgs.
Wir sind die Jasons, die das Vließ gewannen.

Salerio.

Gewönnt ihr doch das Vließ, das er verlor.

Portia.

Des Briefes Inhalt ist von böser Art.
Bassanios Wangen werden ganz entfärbt!
Ein theurer Freund ist todt! Nichts in der Welt
vermag die Fassung eines festen Mann's
so zu verwandeln! Wie? so schlimm, und schlimmer?
Vergönnt, Bassanio, ich bin halb ihr selbst,
und mir gebührt die Hälfte unbedingt
von dem, was dieser Brief euch überbringt.

Bassanio.

O, süße Portia! Ich empfang' ein Paar

so höchst unangenehmer Worte hier,
als je Papier entstellt. Mein holdes Fräulein!
als ich zuerst euch meine Lieb' erklärt,
gestand ich offen, daß mein ganzes Gut
in meinen Adern rinne: Edelmann
nur sey ich; — und ich sprach die Wahrheit da;
und dennoch theures Fräulein, als ich selbst
auf Nichts mich schätzte, seht! wie sehr ich da
vor euch geprahlt. Denn als ich euch gesagt,
mein Gut sey Nichts; hätt' ich euch sagen soll'n,
mein Gut sey unter Nichts. Ich selbst, fürwahr,
verband mich einem theuren Freunde; ihn,
den Freund verband ich seinem ärgsten Feind,
um mein Vermögen aufzuhelfen. Hier,
mein Fräulein, ist ein Brief, und dieser Brief,
wie meines Freundes Leib, und jedes Wort
in ihm, ist eine offne Wunde, die
sein Lebensblut ausgießt. — Doch ist es wahr,
Salerio? ist alles was er wagt,
ihm fehlgeschlagen? Wie? nicht eins gelang?
Von Tripolis, von England, Mexico,
der Barbarei, von Indien, Lissabon,
kein Schiff entrann dem fürchterlichen Stoß
von Handelstör'nden Felsen?

Salerio.

Herr, nicht Ein's!

Und überdieß, so scheint es, hätt' er auch
die Summe für des Juden Zahlung da;
der Jude nähme sie nicht an. Nie kannt' ich
ein Geschöpf in menschlicher Gestalt,
so bitter gierig, Menschen zu vernichten.
Er setzt dem Herzog früh und Abends zu,
und klagt des Staates Freiheit an, wofern
man Recht ihm weigre. Zwanzig Handelsherrn,
der Herzog selbst, die Senatoren all'
vom höchsten Rang, sie redeten ihm zu;
doch keiner treibt ihn aus der neid'schen Klage,
daß Recht ihm werd' buchstäblich nach Contract.

Jessica.

Ich hört' ihn schwören, als ich bei ihm war,
vor Chus und Tubal, seinen Stammgenossen,
er wolle lieber des Antonio Fleisch,
als den Betrag der Summe, die er ihm
verschuldet, zwanzigmal. Ich kenn' ihn, Herr!
Wenn ihm nicht Macht, Gesetz und Ansehn wehrt,
so wird's dem armen Kaufmann hart ergehn!

Portia.

Ist einer eurer Freunde so in Noth?

Bassanio.

Der theuerste, der Menschen gütigster,
der edelste; in Diensterzeugungen

so unermüdlich, wie kein Geist! Er ist
ein Mann, an dem die alte Römerehr'
vielmehr sich zeiget, als an keinem, der
noch Athem schöpft, in ganz Italien.

Portia.

Und welche Summe schuldet' er dem Juden?

Bassanio.

Dreitausend Stück Ducaten! und für mich.

Portia.

Nicht mehr? — Zahlt ihm sechstausend! — Tilgt damit
den Schuldschein; — doppelt diese Summe noch;
verdreifacht diese, eh' ein solcher Freund,
durch des Bassanio Schuld ein Haar
verlieren soll. Zuförderst gehet nun
mit mir zur Kirch' und nennt mich eure Frau.
Dann nach Venedig fort zu eurem Freund!
Denn niemals sollt ihr ruhn in Portias Arm
mit unruhvollem Geist. Ich geb' euch Geld,
um zwanzigmal die kleine Schuld zu tilgen.
Ist sie gelös't, bringt her den treuen Freund.
Ich und Nerissa leben unterdeß
wie Mädchen, oder Wittwen. Kommt, macht fort!
Ihr sollt an eurem Hochzeittag von hier.
Bewillkommt eure Freund', seyd heiter doch;
so hoch erkauft, lieb' ich euch höher noch.
Doch laßt mich hören eures Freundes Brief.

Bassanio liefet Theurer Bassanio! Alle meine Schiffe sind verunglückt. Meine Gläubiger werden grausam; mein Vermögen ist dahin. Meine Schuldverschreibung an den Juden ist verfallen, und da ich, wenn ich die Buße zahle, unmöglich leben kann, so sind alle Schulden zwischen mir und euch abgemacht. Wenn ich euch nur bei meinem Tode sehen könnte! Allein, wie es euch gut dünkt! Wenn eure Liebe euch nicht überredet, zu mir zu kommen, so soll es mein Brief auch nicht.

Portia.

O Theurer! alles laß! und eile fort!

Bassanio.

Da ihr vergönnt zu gehn, so will ich eilen!
Doch bis ich wiederkehren kann, sey mir
kein Bette schuld an lästigem Verweilen,
nie trete Ruhe zwischen mir und dir!

Alle gehen ab.

Dritte Scene.

Venedig. Eine Straße.

Scheilock, Salanio, Antonio und ein Gefangenwärter treten auf.

Scheilock.

Hab' Acht auf ihn, Gefangenwärter! Sagt
mir nichts von Gnade! — Das ist ja der Narr,

der Geld umsonst verlieh! — Gefangenwärter!
gieb Acht auf ihn!

Antonio.

Hört, guter Scheilock mich!

Scheilock.

Ich will die Schuldschrift! *) Sprich nichts gegen sie!
Ich schwor 'nen Eid! Die Schuldschrift will ich haben!
Du nannt'st mich Hund, noch eh' du Grund gehabt,
bin ich ein Hund, so meide meinen Zahn!
Der Herzog muß mir Recht gewähren! — Du
nichtsnutziger Gefangenwärter, du!
mich wundert sehr, daß du so thöricht bist,
auf seine Bitte mit ihm auszugehn.

Antonio.

Ich bitte, höre mich!

Scheilock.

Die Schuldschrift! die!
Nichts andres! Will nicht sprechen hören dich.
Die Schuldverschreibung will ich! Sprich nicht mehr!
Ich will kein sanfter, blöder Narre seyn,
der seinen Kopf wiegt, der bereut und seufzt,
und christlichen Vermittlern sich ergiebt.

Er geht ab.

*) Bonde, (die Schuldschrift, Obligation), mußte Scheilock in Händen haben. Shakespear verstand unter Bonde dasjenige, was für ihn darin als Buße ausgemacht war.

Nicht folgt mir weiter! Sprecht nicht mehr zu mir!
Ich will nur meine Schuldverschreibung.

Salanio.

Ha!
der Hunde unbarmherzigster ist das,
der je mit Menschen lebte!

Antonio.

Laßt ihn gehn!
Ich folg' ihm mit nutzlosen Bitten nicht.
Er sucht mein Leben, und ich weiß den Grund.
Oft hab' ich schon und manche schon errettet,
die ihm verfallen, und es mir geklagt.
Dieß ist der Grund von seinem Haß.

Salanio.

Gewiß!
der Herzog giebt die Buße nimmer zu!

Antonio.

Der Herzog kann den Lauf des Rechts nicht hindern;
denn die Bequemlichkeit, *) die Fremde hier
genießen in Venedig, hinderte
man sie, so würden sie anklagen die
Gerechtigkeit des Staats, indem Gewinn

---

*) Anmerk. Die Bequemlichkeit, Waaren und Geld von Venedig zu beziehen. Würde die Strenge des Gesetzes gegen Schuldner nachlassen, so würde Niemand verleihen wollen, und dadurch würde der Handel leiden.

und Handel dieser Stadt die Völker all'
umschließt. D'rum geh' nur! Dieser Kummer hat,
und die Verluste mich so abgezehrt,
daß ein Pfund Fleisch kaum an mir übrig blieb,
den blut'gen Gläub'ger morgen zu bezahlen.
Gefangenwärter, auf denn! Gebe Gott
nur, daß Bassanio kommt, und seine Schuld
mich zahlen sieht! Sonst kümmert nichts mich mehr!

Alle gehen ab.

Vierte Scene.

Belmont. Ein Zimmer in Portia's Hause.

Portia, Nerissa, Lorenzo, Jessica und Balthasar treten auf.

Lorenzo.

Obgleich ich's in's Gesicht euch sage, Fräulein!
euch ward ein edel und ein wahr Gefühl,
für göttergleiche Freundschaft. Dieß erscheint
höchst überzeugend, da ihr eures Herrn
Abwesenheit ertragt; doch wüßtet ihr,
wem ihr die Huld erzeiget, welchem Mann
von wahrem Adel Rettung ihr gesandt,
welch einem theuren Freund von eurem Herrn

und Gatten; stolzer, weiß ich, würdet ihr auf diese That seyn, als die gewöhnliche Freigebigkeit.

Portia.

Noch nie bereut' ich es,
wenn ich gut handelte; und jetzt auch nicht.
Denn bei Gefährten, die beständig mit
einander leben, und die Zeit verwenden,
da muß ganz sicher auch ein Gleichmaß seyn
von Zügen, und von Sitten und von Geist.
Dieß macht mich glauben, der Antonio,
ein Busenfreund von meinem Gatten, muß
durchaus ihm ähnlich seyn; und ist dem so,
wie wenig ist's, was ich hier aufgewandt,
um meiner Seele Ebenbild zu lösen,
aus einer Lage höll'scher Grausamkeit.
Dieß kommt dem Selbstlob etwas doch zu nah;
darum nicht mehr davon. Hört andre Dinge!
Lorenzo, ich vertraue eurer Hand
des Hauses Wirthschaft und sein Wohl, bis daß
mein Herr zurückkehrt. Was mich selbst betrifft,
hab' ich dem Himmel ins Geheim gelobt,
zu leben in Betrachtung und Gebet.
Nerissa ganz allein begleitet mich,
bis ihr Gemahl zurückkommt, und mein Herr.
Ein Kloster, das zwei Stunden liegt von hier,
soll unsre Wohnung seyn. Ich bitt' euch, lehnt

mir diese Zumuthung nicht ab, die euch
jetzt meine Lieb' und die Nothwendigkeit,
zur Pflicht macht.

Lorenzo.

Gnäd'ges Fräulein! herzlich gern!
Ich folg' euch gern in jedem Huldgebot!

Portia.

Die Meinen wissen meinen Willen schon,
und werden euch und Jessica, anstatt
Bassanios und meiner anerkennen.
So lebt denn bis zum Wiedersehen wohl.

Lorenzo.

Begleit' euch froher Sinn, und stündlich Glück!

Jessica.

Zufriedenheit des Herzens wünsch' ich euch!

Portia.

Dank eurem Wunsch! ich wünsch' ihn euch zurück,
aus Herzens Grunde! Jessica, lebt wohl!

Jessica und Lorenzo gehen ab.

Nun Balthasar.
Wie ich dich immer ehrlich fand und treu,
so laß auch jetzt dich finden. Nimm den Brief
und eile, wie's in Menschenkräften steht,
nach Padua; sorge, daß er in die Hand

von meinem Vetter kommt, Doctor Bellario;
sieh, was er dir an Schrift und Kleidern giebt,
und bringe sie, ich bitt', in größter Eile,
zur Ueberfahrt an die gemeine Fähre,
die nach Venedig geht. Verschwende nicht
die Zeit mit Worten! Eile! denn ich bin
noch vor dir da!

Balthasar.

Mit aller Eil', die mir
geziemt, will ich sogleich, mein Fräulein, gehn.

Er geht ab.

Portia.

Nerissa, komm! Mir steht ein Werk bevor,
wovon du noch nicht weißt. Eh sie an uns
noch denken, sehn wir unsre Ehegatten.

Nerissa.

Und werden sie uns sehen?

Portia.

Allerdings,
Nerissa, doch in solcher Kleidung, daß
sie uns mit dem, was uns gebricht, geziert
vermeinen soll'n. Ich wette was man will,
sind wir wie junge Männer ausgeputzt,
will ich der feinre Bursch' von beiden seyn;
und meinen Dolch mit kühn'rem Anstand tragen,

und sprechen, wie im Uebergang vom Knaben
zum Mann, mit heis'rem Ton. Zwei kurze Schritte
dehn' ich zum Männerschritt, und rede wie
ein feiner prahlerischer Jüngling, von
Duellen; und erzähle art'ge Lügen,
wie edle Damen meine Liebe suchten,
wie sie erkrankten, wie sie starben, als
ich mich geweigert; und, wie ich mit allem
nicht fertig werden konnte; das bereu'
ich dann, und wünsche, daß bei alle dem
ich doch sie nicht getödtet; — zwanzig so
geringer Lügen will ich sagen, daß
man schwören soll, seit zwölf der Monden schon
verließ die Schul' ich! Tausend rohe Streiche
prahlhafter Gecken hab' ich schon im Sinn,
die ich vollführen will.

Nerissa.

Wie? sollen wir
uns an die Männer hängen?

Portia.

Pfui! wie du
auch also frägst! Du würdest mir wohl gar
ein zügelloser Uebersetzer? Komm!
Ich sage meinen ganzen Anschlag dir,
wenn ich im Wagen bin, der auf uns harrt

am Thor des Parks. Drum fort nun, ohn' Verweilen, wir müssen heut' noch messen vier der Meilen.

Sie gehen ab.

Fünfte Scene.

Eben daselbst. Ein Garten.

Lanzelot und Jessica treten auf.

Lanzelot. Ja, wahrhaftig! denn seht nur, die Sünden des Vaters, heißt es, sollen an den Kindern heimgesucht werden, darum versichr' ich euch, bin ich um euch besorgt. Ich bin immer ganz offen gegen euch gewesen, und so sprech' ich nun meine Agitation von der Sache. 6) Darum seyd guten Muths; denn wahrhaftig, ich denke: ihr seyd verdammt! — Es ist nur eine Hoffnung dabei, die euch zu Gute kommen kann, und das ist doch nur eine Art von Bastardhoffnung.

Jessica. Und welche Hoffnung ist das? Ich bitte dich!

Lanzelot. Je nun, ihr könntet gewissermaßen hoffen, daß euer Vater euch nicht erzeugt hätte, und daß ihr nicht des Juden Tochter wärt.

Jessica. Das wäre in der That eine Art von Bastardhoffnung. Dann würden die Sünden meiner Mutter an mir heimgesucht werden.

Lanzelot. Nun, dann fürcht' ich wahrhaftig, ihr seyd von Mutter und Vater wegen verdammt. Wenn ich die Scylla, euren Vater vermeide, so fall' ich in die Charibdis, eure Mutter. Wohlan! Ihr seyd auf beiden Wegen verloren.

Jessica. Ich werde durch meinen Mann erlöset werden. Er hat mich zur Christin gemacht.

Lanzelot. Wahrhaftig, um so mehr ist er zu tadeln. Wir waren vorher schon Christen genug; gerade so viel, um neben einander gut leben zu können. Das Christenmachen wird den Preis des Schweinefleisches steigern; wenn wir alle zu Schweinefleischessern aufwachsen, so werden wir in Kurzem kein Stückchen Speck auf Kohlen für Geld bekommen können.

Lorenzo tritt auf.

Jessico. Lanzelot! ich werde meinem Manne erzählen, was ihr gesagt habt. Hier kommt er.

Lorenzn. Ich werde bald eifersüchtig auf euch werden, Lanzelot, wenn ihr mit meiner Frau so in die Winkel geht.

Jessica. Nein, du darfst uns nicht fürchten, Lorenzo. Lanzelot und ich, sind mit einander zerfallen. Er sagt mir rund heraus, daß es für mich keine Gnade im Himmel gebe, weil ich eines Juden Tochter bin; und dann sagt er auch, daß ihr kein gutes Mitglied des Gemeinwesens seyd, indem ihr in der Bekehrung der Juden zu Christen den Preis des Schweinefleisches steigert.

Lorenzo. Das werd' ich bei'm Gemeinwesen besser beantworten, als ihr euren Aufstand gegen den Leib einer Negerin. Die Mohrin ist schwanger von euch, Lanzelot.

Lanzelot. Es wäre viel, wenn eine Mohrin mehr haben sollte, als Vernunft; wenn sie aber weniger ist, als ein rechtschaffenes Frauenzimmer, so ist sie wirklich mehr, als wofür ich sie hielt. 7)

Lorenzo. Wie jeder Narr mit Worten spielen kann. Ich denke, die beste Anmuth des Witzes wird sich in kurzem in Stillschweigen darthun, und Gesprächigkeit nur an Papageien empfehlbar werden. Geh hinein, Bursche, und gebiete, sich zum Mittagsbrodt anzuschicken.

Lanzelot. Das ist geschehen, Herr. Sie haben alle Hunger.

Lorenzo. Guter Gott! Welch ein Witzbold bist du! So gebiet ihnen denn, das Mittagsbrodt bereit zu halten.

Lanzelot. Das ist auch geschehen, Herr, es fehlt nur am Aufdecken.

Lorenzo. Willst du also aufdecken, Freund?

Lanzelot. Nein, Herr, keinesweges! Ich kenne meine Pflicht.

Lorenzo. Noch mehr gelegentlicher Wortstreit! Willst du das ganze Vermögen deines Witzes in einem Augenblicke zeigen. Ich bitte dich, verstehe einen schlichten Mann nach seiner schlichten Meinung. Geh zu deinen Kammeraden, heiße ihnen den Tisch decken, die Speisen auftragen, und wir wollen hineinkommen, um das Mittagbrodt zu essen.

Lanzelot. Was den Tisch betrifft, Herr, so soll er aufgetragen werden, die Speisen, Herr, sollen gedeckt werden, und was euer Hineinkommen betrifft, Herr, ei, das laßt seyn, wie Launen und Einfälle gebieten.

Er geht ab.

Lorenzo.

O theure Willkühr! Wie so schicklich sind
gewählt die Worte! Hat der Narr sich doch
in sein Gedächtniß eingepflanzt ein Heer
von schönen Worten. Aber, kenn' ich doch
gar manchen Narrn, an einem bessern Platz,
gleich ihm geziert, der um ein artig Wort
die Sach' aufgiebt. Wie geht dir's, Jessica!
Und nun, mein Liebchen, sage deine Meinung,
wie Herrn Bassanios Gattin dir gefällt?

Jessica.

Weit über allen Ausdruck! Ziemend ist's,
daß Herr Bassanio wohl sein Leben führt;
denn im Besitz des Segens solcher Gattin,
fand er des Himmels Glück auf Erden schon,
und wenn er das auf Erden nicht verdient,
gebühret ihm der Himmel nicht. Ja, wenn
zwei Götter himmlisch wetteten um zwei
der Erde Töchter, und es wäre Portia
die eine; müßte etwas andres noch
der andern beigegeben werden, denn
die arme rohe Welt hat ihres Gleichen
nicht mehr.

Lorenzo.

Und dein Gemahl ist eben das,
was sie als Weib ist!

Jessica.

Frag' deshalb doch auch,
wie meine Meinung ist!

Lorenzo.

Das soll geschehn;
vorerst nur laß uns essen.

Jessica.

Nein, ich will
dich loben, während ich noch hungrig bin.

Lorenzo.

Nein, bitte! sey das unser Tischgespräch.
Dann, was du immer sprichst, verdauen will
ich's mit dem andern!

Jessica.

Wohl! Ich will dich preisen!

Sie gehen ab.

Vierter Aufzug.

Erste Scene.

Venedig. Ein Gerichtssaal.

Es treten auf: der Herzog, die Senatoren, Antonio, Bassanio, Gratiano, Salarino, Salanio, und andre.

Herzog.

Nun, ist Antonio hier?

Antonio.

Ich bin bereit, eu'r Hoheit zu Befehl!

Herzog.

Ich bin besorgt für dich! Du kamst hieher,
um einen felsenharten Widersacher
zu gnügen, einem Wicht, der Unmensch ist,
des Mitleids nimmer fähig, los und leer
von jedem Gran Erbarmung.

Antonio.

Ich vernahm,

daß eure Hoheit kräftig sich bemüht,
sein streng Verfahren gegen mich zu mildern;
doch, da er ganz verhärtet; das Gesetz
kein Mittel hat, aus seines Hasses Kreis
mich zu entführen, stell' ich seiner Wuth
Geduld entgegen, bin gewaffnet, zu
erdulden mit der Ruhe des Gemüths,
des Juden Grimm und seine Tyrannei.

Herzog.

Geh' Einer! ruf' den Juden vor Gericht.

Salanio.

Er wartet an der Thür. Er kommt schon, Herr!

Scheilock tritt auf.

Herzog.

Macht Platz, und laßt ihn uns vor Augen stehn.
Scheilock, die Welt denkt, und ich denk' es auch,
daß du die Weise deiner Bosheit nur
bis zu der Stunde der Entscheidung hier
betreibst, und dann, so meint man, wirst
du dein Erbarmen zeigen, und dein Mitleid,
bewundrungswürdiger, als wunderbar
die Grausamkeit, die du zum Schein geübt.
Hier, wo du jetzt die Buße dir betreibst,
— ein Pfund von dieses armen Kaufmanns Fleisch —
erläßt du ihm nicht bloß die Buße, nein,

gerührt von menschlich edlem Sinn und Liebe,
verleihst du ihm der Summe Hälfte noch,
wenn du erbarmend, deinen Blick auf die
Verluste wirfst, die seinen Rücken beugen,
genug, um einen königlichen Kaufmann
herabzudrücken, Mitleid zu erwiedern
im eh'rnen Busen, Herzen, rauh wie Stein,
genug von Türken und Tartaren, — nie
in Pflichten zarter Menschlichkeit geübt —
Theilnahme zu erzwingen! Alle wir
erwarten eine milde Antwort, Jude!

Scheilock.

Schon hab' ich eurer Hoheit vorgestellt,
was ich mir vorgenommen! Ich beschwor
bei unserm heil'gen Sabbath, was an Schuld
und Buße nach der Schuldschrift mein, zu nehmen.
Versagt ihr's, thut ihr wider die Statuten
der Stadt und ihre Privilegien.
Ihr fragt, warum ich lieber ein Gewicht
von faulem Fleisch will, als die Summe von
dreitausend Stück Ducaten? Darauf will
ich nicht erwiedern, sagen will ich nur:
's ist mein Humor! Ist das 'ne Antwort? Wie?
Wenn eine Ratte mich im Hause quält,
und es mir nun gefällt, zehntausend Stück
Ducaten zum Vergiften herzugeben?

Was? gnügt die Antwort nun? Giebts Menschen doch,
die nicht ein jähnend Ferkel können sehn;
der Eine, sieht er Katzen, wird er toll;
ein Anderer vermag bei'm näselnden
Gekling' des Dudelsackes den Urin
zu halten nicht. Die Neigung, welche Herrin ist
der Leidenschaft, läßt walten sie nach Laune
der Liebe und des Abscheu's. 8) Nun für euch
die Antwort; wie man nicht bestimmt den Grund
angeben kann, warum der nicht kann aussteh'n
ein jähnend Ferkel, und der andre nicht
die harmlos nöth'ge Katz', und jener nicht
die angeschwollne Sackpfeif', sondern muß
der Scham sich unterwerfen, schlechterdings,
daß, sich beleid'gend, er beleid'gen muß;
so kann ich keinen Grund, will keinen geben,
als eingewohnten Haß, gewissen Ekel,
den mir Antonio einflößt, daß ich so
verfolge meine Klage wider ihn,
die mir Verlust bringt. Habt ihr Antwort nun?

Bassanio.

Nicht Antwort ist das, du fühlloser Mann!
den Strohm von deiner Grausamkeit hier zu
entschuldigen.

Scheilock.

Dir Antwort geben, daß
sie dir gefällt, ist gar nicht meine Pflicht.

Bassanio.

Ermordet jeder das, was er nicht liebt?

Scheilock.

Wer haßt ein Ding und mordet es nicht gern?

Bassanio.

Nicht jede Kränkung wird sogleich auch Haß!

Scheilock.

Wie? läß'st du dich die Schlange zweimal stechen?

Antonio.

Ich bitt' euch, denkt: ihr rechtet mit dem Juden.
Ihr könnt so gut hintreten auf den Strand,
der Fluth gebieten, von gewohnter Höh'
zu weichen; mögt so gut zur Rechenschaft
den Wolf auch ziehn, warum er nach dem Lamm
das Mutterschaf läßt blöken; könnt so gut
den Bergestannen wehren, ihre Gipfel
zu schütteln und zu sausen, wenn der Sturm
des Himmels sie in Aufruhr bringt; ihr mögt
so gut das Schwerste unternehmen; als
versuchen zu erweichen, — was ist härter? —
sein jüdisch Herz. Darum ersuch' ich euch,
erbietet ihm nichts mehr, versucht hinfort
kein Mittel mehr; nein! gebt mir kurz und gut
mein Urtheil, und dem Juden seinen Willen.

Bassanio.

Statt der dreitausend Stück Ducaten sind
hier sechs!

Scheilock.

Und wär' auch jeglicher Ducat
sechsfach getheilt, und jeder Theil ein Ganzer,
ich nähm' sie nicht! Den Schuldschein will ich nur.

Herzog.

Wie hoffst du Gnade, da du keine übst?

Scheilock.

Welch Urtheil soll ich scheu'n, nicht Unrecht thuend?
Erkaufte Sklaven habt ihr viele hier,
die ihr, wie Esel, Hund' und Maulthier braucht,
zu schmählichem und sklavenhaftem Dienst,
weil ihr sie kauftet. — Spräch' ich nun zu euch:
Befreit sie doch, vermählt sie euren Erben!
Was schwitzen sie doch unter ihrer Last?
Laßt ihre Betten weich, wie eure seyn;
würzt ihren Gaum mit gleichen Speisen doch!
so werdet ihr erwiedern: Unser ja
sind diese Sklaven! — So antwort' ich euch:
Das Pfund, das ich begehrt von seinem Fleisch,
ist hoch erkauft, ist mein! und ich will's haben!
Verweigert ihr's; Pfui, dann auf euer Recht!
denn dem Gesetz Venedigs fehlt die Kraft.

Ich steh' hier um mein Urtheil! Gebt mir Antwort: erlang ich es?

Herzog.

Es steht in meiner Macht,
die Sitzung des Gerichtes aufzuheben,
wenn nicht Bellario, ein gelehrter Doctor,
nach dem ich zur Entscheidung schon gesandt,
noch heute hier erscheint.

Salarino.

Es wartet schon
ein Bothe, Herr, mit Briefen von dem Doctor,
der eben erst von Padua angelangt.

Herzog.

So bringt die Brief' und ruft den Bothen her.

Bassanio.

Sey froh, Antonio. Ja — Freund! fasse Muth!
Der Jude soll mein Fleisch, mein Blut, Gebein,
und alles haben, eh' ein Tropfen Bluts
um meinetwillen dir entfließen soll.

Antonio.

Ich bin ein angesteckte Schaf der Heerde,
zum Tod' am tauglichsten; die schwächste Art
der Früchte fällt am frühsten auf die Erde;
so laß mich denn! ihr könnt, Bassanio,

nicht bessern Dienst mir thun, als wenn ihr lebt,
und meine Grabschrift schreibt.

Nerissa, wie der Schreiber eines Rechtsgelehrten gekleidet, tritt auf.

Herzog.

Kamt ihr hieher
von Padua? Von Bellario!

Nerissa.

Ja! von beiden!
Bellario grüßet eure Hoheit, Herr!

Sie überreicht ein Schreiben.

Bassanio.

Warum so eifrig wetzest du das Messer?

Scheilock.

Dem Banquerotten da, was er verwirkt
mir abzuschneiden!

Gratiano.

An deiner Sohle nicht
an deiner Seele, rauher Jude, wetzst
du dir das Messer scharf! Doch kein Metall,
nein, nicht des Henkers Axt ist halb so scharf,
als dein scharfer Neid! Durchdringt dich denn
kein Flehn?

Scheilock.

Nein, kein's! was sich dein Witz ersinnt!

Gratiano.

O, sey verdammt, hartherz'ger Hund! und für
dein Leben sey Gerechtigkeit verklagt!
du machst mich schwankend fast in meinem Glauben;
ich hielte gern es mit Pythagoras,
daß Thieresseelen in der Menschen Rumpf
sich senken. Deinen hünd'schen Geist regiert
ein Wolf, der aufgehängt um Menschenmord;
vom Galgen wich die grimm'ge Seele eben,
und, weil du lagst in deiner Mutter, der
unheil'gen, in dich fuhr. Denn dein Begehren
ist wölfisch, blutig, hungrig, räuberisch.

Scheilock.

Bis du das Siegel meiner Schuldschrift wegschmähst,
verletzt das Schreien deine Lungen nur.
Kurire deinen Witz, du guter Bursch,
sonst fällt er in unheilbaren Ruin.
Ich steh' hier um mein Recht.

Herzog.

Bellarios Brief
empfiehlt hier dem Gerichtshof einen jungen
gelehrten Doctor! — Wo verweilt er?

Nerissa.

Hier,
ganz nahe bei, erwartet er die Antwort:
ob ihr den Zutritt ihm vergönnen wollt.

Herzog.

Von ganzem Herzen! Einige von Euch
drei oder vier, geleiten höflich ihn
hieher! Wir hör'n indeß Bellario's Brief.

Ein Gerichtsschreiber lieset.

„Eure Hoheit geb' ich zu erkennen, daß ich bei dem Empfange eures Briefes sehr krank war. Allein in dem Augenblick, in welchem euer Bothe ankam, war ein junger Doctor aus Rom bei mir zum freundschaftlichen Besuche. Sein Name ist Balthasar. Ich unterrichtete ihn von dem Rechtsstreit zwischen dem Juden und dem Kaufmann Antonio. Wir schlugen mit einander viele Bücher nach. Er ist von meiner Meinung unterrichtet, welche er, berichtigt durch seine eigne Gelehrsamkeit — deren Größe ich nicht genug empfehlen kann — auf mein dringendes Gesuch mitgenommen hat, um dem Anverlangen eurer Hoheit an meiner Statt Genüge zu leisten. Ich ersuche euch, laßt seinen Mangel an Jahren kein Hinderniß seyn, ihm eine ehrerbietige Achtung zu gewähren; denn nie kannt' ich einen so jungen Körper mit einem so alten Kopf. Ich übergeb' ihn eurer gnädigen Aufnahme, dessen Prüfung ihn besser empfehlen wird."

Herzog.

Ihr hört, was der gelehrte Doctor an uns schreibt,
und hier, so scheint mir's, kommt der Doctor schon.

Portia in der Kleidung eines Doctors der Rechtsgelehrsamkeit tritt auf.

Gebt mir die Hand, ihr kommt vom alten Doctor
Bellario?

Portia.

So ist's, mein gnäd'ger Herr!

Herzog.

Willkommen seyd ihr! Hier, nehmt euren Platz!
Seyd ihr schon mit der Zwistigkeit bekannt,
die im Gerichtshof hier verhandelt wird?

Portia.

Ich bin ganz unterrichtet von dem Streit.
Wer ist der Kaufmann, wer der Jude hier?

Herzog.

Antonio! alter Scheilock! tretet vor!

Portia.

Ihr nennt euch Scheilock!

Scheilock.

Scheilock ist mein Nam.

Portia.

Von seltsamer Natur ist eure Klage,
doch abgefaßt, daß das Gesetz Venedigs,
wie ihr verfahrt, euch nicht entgegnen kann.
Ihr seyd von ihm gefährdet? Ist's nicht so?

Antonio.

Ja, wie er sagt!

Portia.

Bekennt ihr euch zur Schuldschrift?

Antonio.

Ich thu's.

Portia.

So muß der Jude gnädig seyn.

Scheilock.

Durch welchen Zwang denn muß ich? Sagt mir das!

Portia.

O, die Natur der Gnade kennt nicht Zwang;
sie träufelt, wie des Himmels Regen mild
zur Erde sanft hernieder Doppelsegen.
Sie segnet den, der giebt und der empfängt.
Am mächtigsten im Mächtigsten sie ist,
und ziert Bethronte besser, als die Krone.
Der Scepter zeigt die Macht der Zeitgewalt,
das Attribut der Würd' und Majestät,
worin die Scheu und Furcht der Kön'ge sitzt,
doch Gnad' ist über diese Sceptermacht.
Sie thronet in der königlichen Brust,
sie ist ein Attribut der Gottheit selbst.
Der Erdenfürst ist Gott am ähnlichsten,

wenn Gnade mildert Recht. D'rum Jude, hältst
du schon um Recht an; so bedenke dieß:
daß in dem Lauf des Rechtes, unser keiner
Erlösung sieht. Um Gnade beten wir!
und dieß Gebet muß uns die Gnadenthat
zu üben, lehren. So viel sagt' ich nur,
zu mildern deine Forderung des Rechts.
Verfolgst du sie, muß der gestrenge Hof
Venedigs gegen jenen Kaufmann dort
das Urtheil fäll'n, nothwendig!

Scheilock.

Meine That
auf meinen Kopf! Ich fordre das Gesetz!
Die Buß' und den Verfall der Schuldschrift hier.

Portia.

Ist er das Geld zu zahlen nicht vermögend?

Bassanio.

Ja, vor Gericht hier biet' ich ihm es an,
und zwiefach; — wenn auch das noch nicht genügt,
verpfänd' ich zehnmal es zu zahlen, mich,
und setze Hand und Haupt und Herz zum Pfande.
Wenn dieß auch nicht genügt, ist's offenbar,
daß Bosheit niedertritt die Redlichkeit.
O, ich ersuch' euch, beugt einmal das Recht
nach eurem Ansehn. Um ein groſses Recht

zu üben, thut ein kleines Unrecht; zäumt
den Willen dieses unbarmherz'gen Teufels!

Portia.

Das darf nicht seyn! Kein Ansehn in Venedig
kann ändern ein bestehendes Gesetz.
Man würde sich als Beispiel d'rauf beziehn,
und mancher Irrthum, nach demselben Beispiel
würd' in den Staat eindringen. Nein! das nicht!

Scheilock.

Ein Daniel kommt zu richten! Ja, ein Daniel!
O Richter, weis' und jung, wie ehr' ich dich!

Portia.

Ich bitte, laßt mich doch den Schuldschein sehn.

Scheilock.

Hier ist er, höchst ehrwürd'ger Doctor! hier.

Portia.

Scheilock, man bietet dreifach dir das Geld.

Scheilock.

Ein Eid! ein Eid! Ich hab' 'nen Eid im Himmel.
Soll Meineid meine Seele lasten? Nein,
nicht um Venedig!

Portia.

Wohl! verfallen ist

die Schuldschrift, und gesetzlich kann danach
der Jude ein Pfund Fleisch verlangen, nächst
dem Herzen dieses Kaufmanns, weggeschnitt'n
von ihm. Sey gnädig; nimm die Summe dreifach,
Laß mich den Schein zerreißen.

Scheilock.

Wenn er mir
bezahlt ist, wie sein Inhalt lautet klar.
Ihr zeigt, ihr seyd ein würd'ger Richter; - kennt
wohl die Gesetze; die Erklärung, die
ihr uns gegeben, war die reifeste.
Ich fordr' euch auf bei'm Recht, wovon ihr seyd
ein wohl verdienter Pfeiler: kommt zum Spruch!
Bei meiner Seele schwör' ich, keine Macht
der Sprache irgend Jemands stimmt mich um.
Auf meine Schuldschrift fest besteh' ich hier.

Antonio.

Ich bitte herzlichst den Gerichtshof, mir
den Spruch zu geben.

Portia.

Wohl! so sey es denn!
Bereitet für sein Messer eure Brust!

Scheilock.

O edler Richter! Trefflich junger Mann!

Portia.

Denn des Gesetzes Sinn und Inhalt hat
die vollste Uebereinkunft mit der Buße,
die sich als schuldig nach der Schuldschrift zeigt.

Scheilock.

Sehr wahr, o weiser und gerechter Richter.
Wie sehr viel älter bist du als dein Blick!

Portia.

Darum entblößt den Busen.

Scheilock.

Ja, die Brust,
so sagt der Schuldschein! — Nicht? mein edler Richter?
zunächst dem Herzen, heißt es wörtlich drin!

Portia.

So ist's! — Ist eine Wage da, das Fleisch
zu wägen?

Scheilock.

Ja, schon hab' ich sie bereit.

Portia.

Holt einen Wundarzt, Scheilock, seine Wund'
ihm zu verbinden, und auf eure Kosten,
daß er sich nicht verblutet.

Scheilock.

Ist das so
bestimmt im Schuldschein?

Portia.

Zwar ausdrücklich nicht,
allein was thut's? es wäre gut, wenn ihr's
aus Menschenliebe thätet.

Scheilock.

Find' es nicht!
's steht nicht im Schuldschein!

Portia.

Nun, so kommt denn her!
habt ihr noch irgend was zu sagen, Kaufmann?

Antonio.

Nicht viel! ich bin gewaffnet und bereit! —
Gieb mir die Hand, Bassanio! lebe wohl!
Nicht gräm' es dich, daß ich für dich hier falle;
denn hierin zeigt sich gütiger das Glück,
als seine Weise sonst ist. Läßt es doch
Elende ihren Reichthum überleben,
mit hohlem Aug', und runzelvoller Stirn
ein Alter anzuschaun voll Armuth! — Mich
entreißt es der langweil'gen Buße eines
so großen Elends. Deiner edlen Frau

empfiehl mich, und erzähl' ihr den Verlauf
vom Ende des Antonio. Sag' ihr auch
wie ich dich liebte! Rühme mich im Tode,
und wenn du's auserzählt, entscheide sie,
ob nicht Bassanio geliebt einst ward.
Bereu' es nicht, daß du den Freund verlierst;
denn er bereut nicht, daß er für dich zahlt.
Wenn nur der Jude schneidet tief genug,
von ganzem Herzen zahl' ich gleich die Schuld.

Bassanio.

Antonio, einer Frau bin ich vermählt,
die mir so theuer, als mein Leben ist;
doch, Leben selbst, mein Weib, und alle Welt,
acht' ich höher, als dein Leben nicht.
Ich ließe alles, opferte sie all'
hier diesem Teufel, um dich zu befrei'n.

Portia.

Gar wenig dankt euch eure Frau dafür,
vernähme sie was ihr erbietet hier!

Gratiano.

Ich hab' ein Weib! — und schwör', ich lieb' es auch!
doch wünscht' ich sie zum Himmel, könnte sie
dort eine Macht bewegen, zu verändern
den hünd'schen Juden.

Nerissa.

Gut ist's, daß ihr dieß
Erbieten hinter ihrem Rücken thut.
Des Hauses Frieden störte sonst der Wunsch!

Sche lock, für sich.

So sind sie, diese christlichen Gemahle!
Ich hab 'ne Tochter! Wäre von dem Stamm
des Barrabas ein Mann ihr Gatte doch
geworden, lieber, als ein Christ! — Laut. Die Zeit
vertändeln wir! Ich bitt' euch, sprecht das Urtheil.

Portia.

Ein Pfund von dieses Kaufmanns Fleisch ist dein.
Der Hof erkennt, das Recht verleiht es dir.

Scheilock.

Gerecht'ster Richter.

Portia.

Und von seiner Brust
mußt du das Fleisch ihm lösen. So gewährt
es dir das Recht; der Hof erkennt dir's zu.

Scheilock.

Gelehrt'ster Richter! — 'Sist ein Urtheil! — Kommt,
bereitet euch!

Portia.

Geduld ein wenig! Hier

ist etwas noch zu merken. Diese Schuldschrift
verheißt dir keinen Tropfen seines Bluts.
Ausdrücklich sind die Worte: ein Pfund Fleisch.
So nimm den Schuldschein, nimm dir dein Pfund Fleisch,
allein, vergießest du bei'm Schneiden auch
nur einen Tropfen Christenblut, verfällt
all' dein Besitzthum und dein Gut dem Staat
Venedigs nach den Rechten von Venedig.

Gratiano.

Gerechter Richter! — Jude, merk' es dir!
Gelehrter Richter!

Scheilock.

Spricht so das Gesetz?

Portia.

Du sollst die Acte sehn; denn weil auf Recht
du dringst, so sey gewiß: Recht soll dir werden,
und mehr, als du begehrst.

Gratiano.

Gelehrter Richter!
o Jude, merk' es! ein gelehrter Richter.

Scheilock.

So nehm' ich das Erbieten denn! — Bezahlt
mir dreifach meinen Schuldschein, und dann laßt
den Christen gehn.

Bassanio.

Hier ist das Geld!

Portia.

Gemach!
Dem Juden alles Recht! Nicht übereilt!
Er soll nichts haben, als die Buß' allein.

Gratiano.

O Jude! ein gerecht-, gelehrter Richter!

Portia.

Drum sey bereit, das Fleisch dir abzuschneiden.
vergieße nur kein Blut; auch minder nicht,
noch mehr, als grad' ein Pfund; denn nimmst du mehr,
als grad' ein Pfund dir, oder weniger,
— seys nur so viel, um leichter oder schwerer
das Fleischgewicht zu machen, als ein Zehntel
von einem halben Scrupel kaum beträgt.
Ja, wenn die Schaale in der Schätzung sich
nur um ein Haar senkt, — mußt du sterben, und
all' dein Besitzthum fällt dem Staat anheim.

Gratiano.

Ein zweiter Daniel! Ein Daniel, Jude!
Ungläub'ger! an der Hüfte hab' ich dich!

Portia.

Was zögert denn der Jude? Nimm die Buße!

Scheilock.

Gebt mir mein Kapital, und laßt mich gehn.

Bassanio.

Ich hab' es schon für dich bereit. Hier ist's!

Portia.

Er wieß es ab vor offenem Gericht.
Sein Recht, sein Schuldschein soll ihm werden nur!

Gratiano.

Ein Daniel, sag' ich stets; ein zweiter Daniel!
Dank, Jude, dir, der mich das Wort gelehrt!

Scheilock.

Soll ich nicht haben bloß mein Kapital?

Portia.

Du sollst nichts haben, als die Buß' allein,
die auf Gefahr du nehmen mögest, Jude!

Scheilock.

Wohlan! so segn' es ihm der Teufel denn!
Ich steh nicht länger Rede!

Portia.

Warte! Jude!
Das Recht nimmt dich in andern Anspruch noch.
In dem Gesetz Venedigs ist verfügt:

Wird wider einen Fremdling dargethan,
daß er auf g'radem oder Nebenweg,
dem Leben eines Bürgers nachgestellt;
kommt der Parthei auf die sein Anschlag ging,
die Hälfte seines Gutes zu. Die andre
fällt der geheimen Kasse heim des Staats,
und des Verbrechers Leben hängt allein
und gegen alle Stimmen von der Gnade
des Herzogs ab. In dem Fall stehst du nun,
denn dein Verfahren zeigt ganz offenbar,
daß du auf Neben= und auch g'radem Weg
dem Leben des Beklagten nachgestellt.
So hast du die Gefahr denn, vor erwähnt,
dir zugezogen. Nieder d'rum, und bitt'
um Gnade bei dem Herzog.

Gratiano.

Bitte lieber
um die Erlaubniß, dich zu hängen selbst,
und doch, weil ja dein Gut dem Staat verfällt,
blieb dir der Werth von einem Stricke nicht.
Drum hängen mußt du auf des Staates Kosten.

Herzog.

Damit du unsres Geistes Unterschied
erkennen mögest, so begnadg' ich dich
mit deinem Leben, eh' du bittest d'rum.
Dein halb Vermögen ist Antonio's,

die andre Hälfte fällt dem Staat anheim,
was Demuth mildern kann zur Straf' an Geld.

Portia.

Ja, für den Staat, nicht für Antonio.

Scheilock.

Nein, Leben nehmt und alles! Schenkt mir's nicht.
Ihr nehmt mein Haus, wenn ihr die Stützen nehmt,
worauf mein Haus beruht. Ihr nehmt mein Leben,
wenn ihr die Mittel meines Lebens nehmt.

Portia.

Antonio, welche Gnad' erzeigt ihr ihm?

Gratiano.

Ein Strick umsonst! Nichts mehr! Um Gottes willen!

Antonio.

Beliebt mein Herr, der Herzog und der Hof,
statt seiner Güter Hälfte, mildre Straf'
ihm aufzulegen, bin auch ich zufrieden,
wenn er den andern Theil mir überläßt
zu dem Gebrauch — um sie nach seinem Tode
dem Mann zurückzugeben, der vor Kurzem
ihm seine Tochter stahl. Doch zweierlei
beding' ich noch, daß er für diese Gunst
sogleich zum Christenthume sich bekenn',
und dann, daß er vor dem Gerichtshof hier

die Schenkung ausstell' über alles Gut,
das er nach seinem Tode hinterläßt,
für seinen Sohn Lorenzo und die Tochter.

Herzog.

Das soll er thun; sonst widerruf' ich hier
die Gnade, die vorher ich ausgesprochen.

Portia.

Bist du damit zufrieden, Jude? Sprich!

Scheilock.

Ich bin's zufrieden.

Portia.

Schreiber, nehmt den Act
der Schenkung auf.

Scheilock.

Ich bitt' euch, laßt mich gehn.
Ich bin nicht wohl! Schickt mir die Acte nach.
Ich will sie zeichnen.

Herzog.

Geh, doch zeichne sie!

Gratiano.

Zwei Pathen sollst du haben bei der Taufe.
Wär' ich dein Richter, hättest du zehn *) mehr,

*) Eine Jury oder die zwölf Geschwornen.

zum Galgen dich zu bringen, nicht zum Taufstein.

Schellock geht ab.

Herzog.

Ich lad' euch Herr zum Mittagsmahl zu mir!

Portia.

Ich bitte unterthänig euer Gnaden,
mich zu entschuld'gen, denn heut Abend noch
muß ich nach Padua; nothwendig ist's,
sogleich mich aufzumachen.

Herzog.

Mich betrübt's,
daß ihr nicht Muße habt! Antonio
belohnt den Edelmann, denn wie mich dünkt,
seyd ihr ihm sehr verbunden.

Der Herzog, die Senatoren und das Gefolge gehen ab.

Bassanio.

Würdigster!
Durch eure Weisheit ward ich und mein Freund
von einer schweren Buße heut befreit.
An dessen Statt erwiedern willig wir
mit den dreitausend Stück Ducaten, die
des Juden Schuld, die wohlgeneigte Mühe.

Antonio.

Und bleiben überdieß in eurer Schuld
an Lieb' und Diensten immerdar.

Portia.

Wer wohl
zufrieden ist, der ist auch wohl bezahlt.
Zufrieden bin ich, da ich euch befreit,
und dadurch schätz' ich mich auch wohl bezahlt.
Lohnsüchtiger war niemals mein Gemüth.
Ich bitte, kennt mich, treffen wir uns wieder.
Es geh' euch wohl! und so empfehl' ich mich.

Bassanio.

Mein theurer Herr, ich muß doch schlechterdings
noch weiter in euch dringen, nehmt doch nur
ein Angedenken; nicht als einen Lohn,
nur als Tribut. Gewährt mir zweierlei!
Ich bitt' euch, weigert's nicht, und gönnet mir
Verzeihung.

Portia.

Sehr, setzt ihr mir zu! Deßhalb
ergeb' ich mich. Gebt eure Handschuh mir,
ich will sie tragen eurenthalben, — und
aus Liebe nehm' ich auch den Ring von euch. —
Zieht nicht die Hand zurück! Mehr nehm' ich nicht,
und weigern dürft ihr's nicht, wenn ihr mich liebt.

Bassanio.

Der Ring, — o Herr! ist eine Kleinigkeit,
ihn euch zu geben, machte mich beschämt.

Portia.

Nur ihn allein, nichts anders will ich sonst.
Und, wie mich dünkt, hab' ich jetzt Lust dazu.

Bassanio.

Der Ring hat mehr, als seinen Werth an sich.
Den theuersten, der in Venedig ist,
verehr' ich euch, und find' ihn auf durch Ausruf.
Für diesen nur, entschuldigt mich, ich bitte!

Portia.

Freigebig im Erbieten find' ich euch.
Ihr lehrtet erst mich betteln, und nun scheint's,
ihr lehrt mich, wie man Bettlern Antwort giebt.

Bassanio.

Den Ring, mein Theurer, gab mir meine Frau.
Sie steckte mir ihn an, und ich versprach,
den Ring nicht zu verkaufen, niemals ihn
hinwegzugeben, oder zu verlieren.

Portia.

Entschuldigung der Art dient manchem Mann,
um sein Geschenk zu sparen. Ist die Frau
kein thöricht Weib, erfährt sie, wie sowohl
ich diesen Ring verdient, so wird sie nicht
mit euch in ew'ger Feindschaft leben, weil
ihr mir den Ring geschenkt. Gut! Lebet wohl!

Portia und Nerissa gehen ab.

Antonio.

Mein Freund, Bassanio! laß ihm doch den Ring.
Erwäge sein Verdienst und meine Liebe
zugleich mit dem Gebote deiner Frau.

Bassanio.

Gratiano! Geh, und hol' ihn wieder ein.
Gieb ihm den Ring und bring' ihn, wenn du kannst,
zu des Antonio Haus! — Auf! eile schnell.

Gratiano geht ab.

Komm! Du und ich, wir wollen gleich dahin,
und morgen früh entfliegen beide wir
nach Belmont hin. Komm, mein Antonio!

Beide gehen ab.

Zweite Scene.

Venedig. Eine Straße.

Portia und Nerissa treten auf.

Portia.

Erkundige des Juden Haus, gieb ihm
die Schenkung, und laß sie ihn zeichnen. Heut

zu Nacht noch reisen wir, und einen Tag
sind wir, vor unsern Männern noch, daheim.
Gar sehr willkommen wird die Schenkung hier
Lorenzo seyn.

Gratiano tritt auf.

Gratiano.

Mein schöner Herr, ich hab'
euch glücklich eingeholt! Bassanio schickt
nach reiferer Erwägung euch den Ring,
und ladet euch zum Mittagsessen ein.

Portia.

Das kann nicht seyn; allein mit höchstem Dank
empfang ich diesen Ring, und bitt' euch, sagt
ihm das. Und überdieß ersuch' ich euch,
dem Jüngling hier des alten Juden Haus
zu zeigen.

Gratiano.

Das geschieht.

Nerissa.

— Ein Wort mit Euch! —

Zu Portia heimlich.

Ich will versuchen, meines Gatten Ring
auch zu erlangen, den ich zu bewahren
für immer, ihn beschwören ließ.

Portia.

Du wirst's
erlangen, dafür bürg' ich! — Schwur auf Schwur
wird dann geschworen, daß an Männer sie
die Ringe gaben, doch wir läugnen keck,
und überschwören sie. Nur auf! und schnell!
Du weißt ja, wo ich dich erwarte.

Nerissa, laut.

Kommt!
Mein guter Herr, ihr zeigt mir doch das Haus?

Alle gehen ab.

Fünfter Aufzug.

Erste Scene.

Belmont. Eine Allee vor dem Hause der Portia.

Lorenzo und Jessica treten auf.

Lorenzo.

Der Mond scheint hell. — In solcher Nacht, wie die,
da süße Luft die Bäume freundlich küßte,
und sie zu schweigen zwang; in solcher Nacht
erstieg, so glaub' ich, Troilus die Mauern
der Trojer Stadt, und seine Seele seufzt
hin nach der Griechen Zelten, weil darin
die Nacht im Schlummer Cressida vollbracht.

Jessica.

In solcher Nacht, da trippelte voll Furcht
einst Thisbe über Thau. Sie sah den Schatten
des Löwen eh'r als ihn, erschrack und floh.

Lorenzo.

In solcher Nacht stand Dido einst, die Weid'

in ihrer Hand, am wilden Meeresstrand,
und winkte ihrer Liebe, nach Carthago
zurück zu kehren, zu.

Jessica.

In solcher Nacht
erlas Medea ihre Zauberkräuter,
den Aeson zu erneu'n.

Lorenzo.

In solcher Nacht,
stahl Jessica vom reichen Juden sich,
und lief mit einem ausgelassnen Liebsten
fort von Venedig bis nach Belmont hin.

Jessica.

In solcher Nacht schwor ihr Lorenzo, jung
und freundlich, Lieb', und stahl die Seele ihr
mit manchem Schwur der Treue, deren auch
nicht einer treu war.

Lorenzo.

Und in solcher Nacht,
verläumdete die art'ge Jessica,
wie eine kleine Zänkerin, den Liebsten,
und er vergab es ihr.

Jessica.

Ich wollte dich

wohl übernachten, käme niemand hier.
Doch, still! Ich höre Fußtritt' eines Mannes.

Ein Diener tritt auf.

Lorenzo.

Wer kommt so eilig in der stillen Nacht?

Diener.

Ein Freund.

Lorenzo.

Ein Freund? Was für ein Freund? Ich bitt'
um euren Namen, Freund!

Diener.

Stephano ist
mein Nam', ich bring' euch Kunde, daß die Herrschaft
vor Tages Anbruch noch nach Belmont kommt.
Bei heil'gen Kreutzen streifte sie umher,
wo sie um Glück der Ehe betend kniet.

Lorenzo.

Wer kommt mit ihr?

Diener.

Ein Eremit, und auch
ihr Mädchen, Niemand sonst. Ich bitt' euch, ist
mein Herr schon wieder da?

Lorenzo.

Er ist nicht da;

vernommen haben wir auch nichts von ihm.
Ich bitte, Jessica: gehn wir hinein!
Ein festliches Willkommen laß uns gleich
bereiten für des Hauses Herrin.

Lanzelot tritt auf.

Lanzelot. Holla! holla! heda! he! holla! holla!

Lorenzo. Wer ruft?

Lanzelot. Holla! habt ihr Herrn Lorenzo gesehn? und Frau Lorenzo? Holla! holla!

Lorenzo. Laß dein Hollaen, Mensch! hier.

Lanzelot. Holla! wo? wo?

Lorenzo. Hier!

Lanzelot. Sagt ihm, daß ein Postillion von meinem Herrn angekommen ist, mit einem ganzen Horn voll guter Neuigkeiten. Mein Herr wird hier seyn, eh der Morgen anbricht.

Er geht ab.

Lorenzo.

Hinein, mein süßes Kind! wir wollen da
erwarten ihre Ankunft! — Doch was thut's?
Warum hineingehn? Freund Stephano, macht,
ich bitt' euch, in dem Hause kund, zur Hand
sey eure Herrschaft. Bringt uns die Musik
her in die freie Luft.

Der Diener geht ab.

Wie süß das Mondlicht hier am Hügel schläft!
Hier sitzen wir; und lassen die Musik
in's Ohr uns schleichen Sanfte Still' und Nacht
sind Tasten nun der süßen Harmonie.
Hier, Jessica! sieh wie des Himmels Flur
mit Platten hellen Golds dicht ausgelegt!
Auch nicht der kleinste Stern, den du erblickst,
der nicht im Umschwung wie ein Engel singt
im Chor der jung geäugten Cherubim.
Solch' Harmonie ist in den ew'gen Klängen.
Nur können wir, so lang' uns dieß Gewand
umschließt, so grob, voll Schmutz und so vergänglich,
nicht hören sie.

Die Spielleute treten auf.

Laß uns Diana wecken
mit Hymnen, und mit süßen Tönen rühr'n
der Herrin Ohr. Bringt heim sie mit Musik.

Musik.

Jessica.

Nie macht mich heiter liebliche Musik.

Lorenzo.

Die Ursach' ist: dein Geist ist angespannt.
Beachte nur die wilde, leichte Heerde
der jungen, ungezähmten Füllen. Sieh!
sie springen toll, sie schreien, wiehern laut,

wie es die Hitz' in ihrem Blut bedingt.
Doch hören sie etwa Trompetenton,
berührt ihr Ohr die Weise der Musik;
so wirst du sehn, sie stutzen allzumal;
ihr wilder Blick wird ein bescheidnes Schau'n
durch der Musik so süße Macht. Drum singt
der Dichter: Orpheus lenkte Baum und Fels
und Fluthen; weil so stöckisch, hart und voll
von Wuth kein Wesen ist, das nicht Musik
auf ein'ge Zeit verwandelte — Der Mensch,
der nicht Musik hat in sich, der vom Einklang
der süßen Töne nicht gerührt sich fühlt,
taugt zu Verrath', zu Tück' und Räuberei;
des Geistes Regung schläfrig ist wie Nacht,
und seine Neigung schwarz wie Erebus,
vertraue solchem nie! — Horch auf! Musik!

Portia und Nerissa treten in einiger Entfernung auf.

Portia.

Das Licht, das wir dort sehen, brennt im Saal.
Wie weit das kleine Licht die Strahlen wirft!
So scheint die gute That in arger Welt.

Nerissa.

Bei Mondesglanz sehn wir die Kerze nicht.

Portia.

So dunkelt größrer Glanz den kleineren.

Der Stellvertreter strahlt dem König gleich,
bis daß der König da ist, dann ergießt
sein Glanz sich, wie der Bach in seinem Reich
in's große Meer der Welt. O, horch! Musik!

Nerissa.

Es sind die Musiker von eurem Hause.

Portia.

Nichts ist doch ohne Rücksicht *) gut. Mich dünkt,
sie klingt viel lieblicher, als wie bei Tage.

Nerissa.

Die Stille giebt ihr diese Tugend zu.

Portia.

Die Krähe singt, so wie die Lerche, schön,
wenn man auf keine achtet, und mich dünkt,
die Nachtigall, wenn sie bei Tage schlüge,
wo alle Gänse schnattern, hielte man
für keinen bessern Musikus, als Spatz.
Wie manches zeitigt seine Zeit allein
zum rechten Werth und zur Vollkommenheit.

---

*) Shakespear sagt respect, welch Wort auch die Bedeutung von consideration (Rücksicht) und relation (Verhältniß) hat.

Still! Luna schläft bei dem Endymion
und will nicht aufgeweckt seyn.

Die Musik hört auf.

Lorenzo.

Irr' ich nicht
durchaus, so ist das Portia's Stimme.

Portia.

Wie
der blinde Mann den Kukuck, kennt er mich
an meiner schlechten Stimme!

Lorenzo.

Theure Frau!
seyd uns daheim willkommen.

Portia.

Für das Wohl
von unsern Männern haben wir gebetet,
und hoffen, daß deßhalb es schnell gedeih *)
Sind sie zurück?

Lorenzo.

Nein, gnäd'ge Frau, noch nicht.

---

*) which speed. (welche Eile; aber auch: welcher glückliche Fortgang)

Allein ein Bothe kam, und meldet' uns
ihr Kommen an.

Portia.

Nerissa, geh hinein.
Gebiete meinen Leuten, nicht zu thun,
als wüßten sie, daß wir entfernt gewesen.
Auch ihr Lorenzo, — Jessica, auch ihr.

Trompetenstoß.

Lorenzo.

Da ist er schon. Ich höre die Trompete
von eurem Gatten. Schwätzer sind wir nicht;
seyd unbesorgt um uns, erhabne Frau.

Portia.

Mich dünkt, ein kranker Tag nur ist die Nacht.
Sie siehet bleicher, und sie ist ein Tag
wie solcher, wenn die Sonne sich verbirgt.

Bassanio, Antonio, Gratiano treten auf mit ihrem Gefolge.

Bassanio.

Wir hätten mit den Antipoden Tag,
wenn ihr stets in der Sonn' Entfernung gingt.

Portia.

Laßt Licht mich geben; nur nicht scheu'n das Licht;
ein Weib, das vor dem Licht sich scheuen muß,

betrübt den Gatten, und Bassanio soll
nie traurig seyn um meinetwillen. 9) Gott
erlies't das Beste! — Seyd willkommen mir
zu Hause, mein Gemahl!

Bassanio.

Ich danke, Gattin!
Willkommen nennet meinen Freund! Dieß ist
der Mann, dieß ist Antonio, dem ich
so grenzenlos verpflichtet bin!

Portia.

Ihr müßt
in jeder Rücksicht ihm verpflichtet seyn.
Wie ich vernahm, verpflichtete er sich
gar sehr für euch!

Antonio.

Nicht mehr, als mir dafür
genug gethan ist.

Portia.

Unsrem Hause, Herr,
seyd ihr gar sehr willkommen. Zeigen muß
sich das auf andren Wegen, als mit Worten,
drum kürz' ich diese Wortbegrüßung ab.

Gratiano und Nerissa haben inzwischen mit einander gesprochen.

Gratiano.

Bei jenem Mond! Ihr thut mir Unrecht! denn
ich gab den Ring dem Schreiber bei'm Gericht.
Ich wollt', es wär' entmannt, der ihn besitzt
statt meiner; weil's euch, Liebchen, so erhitzt.

Portia.

Schon jetzt ein Zwist? Was mag die Ursach seyn?

Gratiano.

Ein Reif von Gold, ein ganz gemeiner Ring,
den sie mir gab, mit einer Inschrift für
die ganze Welt, wie Verse der Fabrik
auf Messer sind: „O, lieb' und laß mich nicht“

Nerissa.

Was sprecht ihr doch von Inschrift und von Werth?
Ihr schwort, als ich den Ring euch übergab,
ihn bis zur Todesstund' zu tragen; bei
euch ruhen sollt' er in der Gruft. Wenn nicht
um mich, ob eurer heißen Eide doch
mußt' ihr ihn aufbewahren achtungsvoll.
Des Richters Schreiber! — o, ich kenn' ihn wohl!
der Schreiber, welcher ihn empfing, der trägt
kein Haar um's Kinn.

Gratiano.

Er wird es tragen, wann
er lebt, ein Mann zu seyn.

Nerissa.

Ja, wenn ein Weib,
um Mann zu werden, lebt. *)

Gratiano.

Bei meiner Hand!
Ich gab den Ring an einem Jüngling, an
so eine Art von Knaben, einem kleinen
verdrehten Buben; höher nicht, als du,
des Richters Schreiber, ein geschwätz'ger Bursch,
der ihn als Lohn erbat. Versagen konnt'
ich ihm das nicht, das gab mein Herz nicht zu.

Portia.

Ihr seyd zu tadeln, offen sag' ich's euch;
daß ihr mit solchem Leichtsinn euch getrennt
von eurer Gattin ersten Gabe, die
mit Eiden eurem Finger angesteckt,
und so mit Treu genietet an das Fleisch.
Ich schenkte meinem Gatten einen Ring,
und ließ ihn schwören, nie von ihm zu scheiden.
Hier steht er, und ich schwör' an seiner Statt,
daß er ihn nie verlassen, daß er nie
von seinem Finger ihn gerissen, nicht
um allen Reichthum, der die Welt beherrscht.

---

*) Man erinnere sich, daß sie selbst, als Jüngling verkleidet, den Ring empfing.

Fürwahr, Gratiano, ihr gabt eurer Frau
zu lieblos eine Ursach zum Verdruß!
Geschäh' es mir, wahnsinnig macht' es mich.

Bassanio, für sich.

Ha! meine Linke lös't ich lieber ab,
und schwöre: ihn vertheidigend hätt' ich
ihn eingebüßt.

Gratiano.

Bassanio gab den Ring
dem Richter, der darum gebeten, hin,
der in der That ihn auch verdiente; da
erbat der Bursch, sein Schreiber, der auch Müh
vom Schreiben hatte, meinen sich, und Herr
und Diener nichts, als die zwei Ringe nur
begehrten.

Portia.

Was für einen Ring, Gemahl,
gewährtet ihr? Ich fürchte doch nicht, den,
den ihr von mir empfingt!

Bassanio.

Könnt' ich den Fehl
durch eine Lüge mehr'n, ich läugnete.
Doch seht! mein Finger trägt den Ring nicht mehr!
Er ist dahin!

Portia.

So leer an Wahrheit ist

auch euer falsches Herz! Bei'm Himmel! nie komm' ich in euer Bett', bis ich den Ring gesehn!

Nerissa.

Noch ich in eures, bis ich auch den meinen wieder sehe.

Bassanio.

Süße Portia!
O wüßtet ihr, an wen ich gab den Ring,
und wüßtet ihr, für wen ich gab den Ring,
und sähet ein, wofür ich gab den Ring,
und wie ich ungern aufgab diesen Ring,
da nichts wurd' angenommen, als der Ring,
ihr mildertet die Strenge eures Unmuths.

Portia.

Und kenntet ihr die Tugend von dem Ring,
halb nur den Werth von der, die gab den Ring,
die Ehre, zu behalten diesen Ring,
ihr hättet nicht getrennt euch von dem Ring.
Wo ist ein Mann so unverständig wohl,
der, hätt' es euch beliebt, ihn zu versagen
mit Eifer, unverschämt genug seyn könnte,
das zu erpressen, was man heilig hält?
Nerissa lehrt mich, was ich glauben muß,
ich sterbe drauf, ein Weib hat diesen Ring.

Bassanio.

Bei meiner Ehre! Meiner Seele! Nein!
Ihn hat kein Weib, ein Doctor nur des Rechts.
Der schlug dreitausend Stück Ducaten aus,
und bat um euren Ring. Ich schlug ihm ab
die Bitte, litt daß mit Verdruß der Mann
hinwegging, der das Leben mir erhielt
in meinem theuren Freunde. Holde Frau,
was sollt' ich sagen? Nachzusenden ihm
war ich genöthigt; Scham und Höflichkeit
umringten mich. Es litt die Ehre nicht,
daß sie der Undank so befleckte. O!
vergebt mir, Theure! denn bei'm heil'gen Licht
der Nacht dort, wärt ihr dagewesen, selbst,
vermein' ich, hättet ihr den Ring von mir
erbeten für den ehrenwerthen Doctor.

Portia.

Daß nur der Doctor nie in's Haus hier kommt!
Da er den Schmuck hat, den ich so geliebt,
den ihr, um meinetwillen, zu bewahren
geschworen habt, will ich freigebig auch,
wie ihr seyn, nichts ihm weigern, was ich habe,
nicht meinen Leib, nicht meines Gatten Bett.
Erkennen will ich ihn, das bin ich sicher!
Seyd keine Nacht vom Hause. Argus gleich
bewacht mich! thut ihr's nicht, laßt mich allein,

bei meiner Ehre, die mein eigen noch,
der Doctor soll mein Bettgenosse seyn.

Nerissa.

Der Schreiber meiner! drum seht ja euch vor,
wie ihr mich laßt zu meinem eignen Schutz.

Gratiano.

Gut, thut das! Doch ihn treffen laßt mich nicht,
daß nicht dem jungen Herrn die Feder bricht.

Antonio.

Ich bin des Zwistes unglücksel'ger Grund!

Portia.

Es schmerz' euch nicht! Willkommen seyd ihr doch!

Bassanio.

Vergieb mir, Portia, dieß erzwungne Unrecht!
Und vor den Ohren vieler Freunde hier,
beschwör ich dich, bei deinen schönen Augen
worin ich selbst mich sehe.

Portia.

Gebt nur Acht!
in meinen Augen sieht er doppelt sich,
in jedem Aug' einmal! — Ja, schwört, und zwar
bei eurem Doppelselbst! Das ist ein Eid,
der Glauben schafft.

Bassanio.

O, höre mich nur an!
Vergieb den Fehl! Bei meiner Seele schwör' ich:
Ich breche dir nie wieder einen Eid.

Antonio.

Ich gab für ihn einst meinen Körper hin,
der, — ohne jenen Mann, der euren Ring
erhielt — verloren war. Nun darf ich wieder
verpfänden meine Seele euch dafür,
daß euer Gatte nimmer brechen wird
mit Vorsatz seine Treue.

Portia.

Seyd dann ihr
sein Bürge! Gebt ihn den, *Sie giebt ihm den Ring.*
und prägt ihm ein,
ihn besser zu bewahren, als den andern.

Antonio.

Bassanio, hier! schwört diesen Ring zu halten!

Bassanio.

Bei'm Himmel! den gab ich dem Doctor ja!

Portia.

Ich hab' ihn auch von ihm. Vergebt, Bassanio,
für diesen Ring schlief ich bei'm Doctor heut.

Nerissa.

Verzeiht auch mir, mein art'ger Gratiano,
denn der verdrehte Bursch, des Doctors Schreiber,
war um den Preis die letzte Nacht bei mir!

Gratiano.

Ha, das erscheint der Wegebesserung
im Sommer gleich, wo gut die Wege sind.
Wie? sind wir Hahnrei's, eh wir es verdient?

Portia.

Sprecht nicht so derb! Ihr alle seyd erstaunt.
Hier ist ein Brief, bei Muße les't ihn durch.
Er kommt von Padua, von Bellario.
Da findet ihr, daß Portia war der Doctor,
Nerissa dort ihr Schreiber. Hier, Lorenzo
bezeugt es, daß ich, gleich nach ihnen, schnell
bin abgereist, zurück erst eben kam;
und nicht betrat mein Haus. Antonio, seyd
willkommen! Bess're Zeitung bring ich euch,
als ihr vermeint. Entsiegelt diesen Brief,
da findet ihr, drei eurer Galeonen
sind'reich im Hafen plötzlich angelangt.
Ihr sollt nicht wissen, welcher seltne Zufall
den Brief mir zugeführet.

Antonio.

Ich bin stumm!

Bassanio.

War't ihr der Doctor, und ich kannt' euch nicht?

Gratiano.

War't ihr der Schreiber, der gehahnreit mich?

Nerissa.

Der Schreiber, ja, der's nimmer meint zu thun,
er lebe denn, bis er zum Manne wird.

Bassanio.

Ihr, schöner Doctor, seyd mein Bettgenoß.
Bin ich nicht da, so liegt bei meiner Frau.

Antonio.

Ihr, Holde, gabt mir Leben und zu leben!
Hier les' ich als gewiß, daß meine Schiffe
gesichert auf der Rhede sind.

Portia.

Wie steht's,
Lorenzo? Auch für euch besitzt mein Schreiber
gar guten Trost!

Nerissa.

Und ohne Sporteln auch
ertheil' ich ihn. Hier übergeb' ich euch
und Jessica, vom reichen Juden den
besonders ausgestellten Schenkungsbrief
auf seinen Tod, von seinem ganzen Nachlaß.

Lorenzo.

Ihr, schöner Freund, streut Manna auf den Weg
der Hungersterbenden.

Portia.

'S ist Morgen bald,
und doch, ich weiß, genügt euch nicht
das alles, was hier vorging. Gehen wir
hinein, vernehmt uns dort ausführlicher
auf Fragartikel, und getreulich soll
die Antwort euch auf alles werden.

Gratiano.

Ja!
so sey's! Der erste Fragartikel ist,
auf den Nerissa leisten soll den Eid:
Ob sie die nächste Nacht erwarten mag;
ob gleich zu Bett', zwei Stunden vor dem Tag?
Doch kommt der Tag, so wünsch' ich dunkel ihn,
des Doctors Schreiber, in mein Bett' zu ziehn.
Mehr Sorge macht mir lebenslang kein Ding,
als fest zu halten der Nerissa Ring.

Alle gehen ab.

Ende des Schauspiels.

Anmerkungen.

1) Hier schreit der gelehrte Warburton über die Unwissenheit des Dichters. Er bemerkt sogleich, daß hier nicht der zweiköpfige Janus, sondern die mit zwei Gesichtern versehenen Häupter der Alten, gemeint sind, welche gemeiniglich ein junges und lächelndes, und ein altes verschrumpftes, des Pan, Bachus, Saturns, Apollos u. s. f. darstellten.

2) Lichas, ein Diener des Hercules.

3) Die alte Copie lieset: So is Alcides beaten by his rage. Das Wort rage ist offenbar corrumpirt, denn es giebt keinen Sinn. Dagegen ist die Aenderung in page einleuchtend richtig.

4) Now, by my hood, a Gentile and no Jew, lieset der Text gentile heißt eine Heidin, und eine Person von guter Geburt.

5) Alle alte Ausgaben lesen: gilded timber do worms infold. Rowe änderte timber in wood. Ihm folgten die späteren Ausgaben, bis Johnson seine Emendation aufstellte: golden tombs do worms infold. Allein die alte Leseart ist, wie schon Malone vermuthete, ganz richtig. Timber, Zimmerholz, steht statt Holz und

der Sinn der Worte ist klar. Auch der Schimmer der Vergoldung kann das Holz gegen den Wurmfraß nicht schützen.

6) Cogitation will er sagen.

7) Der Text spielt mit den Worten More und Moor:
It is much, that the Moor should be more than reason.

8) Die englischen Erklärer haben bei dieser Stelle große Schwierigkeiten gefunden, und sich aus der ältern, wahrscheinlich corrumpirten Leseart, kaum heraus finden können. Nur Steevens kam auf die Wahrheit, und der Uebersetzer fand kein Bedenken, seiner Anordnung und Erklärung zu folgen, da sie die allerzwangloseste und verständlichste ist. Er lieset:

And others, when the pag-pipe sing's i' the nose
can not contain their urine; For affection
mistress of passion, sways it to the mood
of what it likes or loaths.

9) Der Text lieset:

let me give light, but let me not be light
for a light wife.

ein Wortspiel mit light, welches Licht und leichtsinnig bedeutet.

Abhandlung

über das Schauspiel:

Der Kaufmann von Venedig.

Unter allen Schauspielen unsres Dichters dürfte kaum ein einziges gefunden werden, das so ganz allgemein anspricht, und jeden Geschmack befriedigt. Es ist gewissermaßen die Pforte, durch welche jeder, der dem Heiligthume des erhabensten Dichters nahen will, eingeführt werden sollte; und der Erfolg ist gewiß so sicher, daß der so Eingeführte sich schwerlich jemals wieder von dem Dichter trennen wird. Unstreitig gehört es zu den Vollendetesten in seiner Gattung, und vereint die fröhlichste Laune mit der ernstesten Handlung. Reich an ausgezeichneten Characteren, verbindet es zwei Fabeln: die Bewerbung Bassanios um Portia, mit dem Schicksal des Kaufmanns von Venedig, auf eine so wahrscheinliche als liebliche Weise, daß der Genuß, den es gewährt, einen tiefen und erfreulichen Eindruck hinterläßt, zu dem man immer mit neuem Wohlbehagen zurückkehrt. Selbst der scharfen Kritik der englischen Erklärer unsers Dichters, gelang es nicht, ihm etwas Erhebliches anzuhaben; was Johnson, Warburton und andre sich zum Gesetz gemacht zu haben scheinen. Das ganze Gedicht ist höchst correct, selbst Einheit des Ortes und der Zeit, sind, den Sturm ausgenommen, — fast nirgends, so wie hier, beobachtet. Die ganze Handlung, in so vielfache Interessen sie sich theilt, ist mit bewundrungswürdiger Kunst zusammen gehalten. Glänzende Pracht verbindet sich mit hoher Einfachheit, und heitrer Scherz mildert selbst das Furchtbare, womit die Wuth einer unversöhnlichen Feindschaft entsetzlich droht.

Besonders ausgezeichnet dagegen erscheint der Genius unsers Dichters in diesem Schauspiele wieder dadurch, daß er, nachdem die Handlung mit dem vierten Aufzuge eigentlich ganz abgeschlossen war, noch so viel des herrlichsten Stoffs darlegte, um im fünften Aufzuge auf eine seltene Weise zu erfreuen, und was erschöpft schien, vollends zu erschöpfen. Ein solches Unternehmen kann nur einem solchen Dichter gelingen.

Wenn wir nun den geschilderten Charakteren näher treten, so zeichnet sich vor allen unstreitig

Scheilock am meisten, und gewissermaßen als Hauptcharakter aus.

Er ist kein gewöhnlicher, und doch ganz Jude. Ein Mann von nicht gemeinem Verstande, und einer in seiner Art seltnen Geistesbildung. Mit einer seinem Volk eigenthümlichen, orientalischen Glut, hält er auf seine Religion, sieht mit furchtbarem Haß auf die Christen, deren Schwächen er durchschaut, und die er mit energischem Sinn, als seine bittersten Feinde verfolgt. Mit diesem bittrem Haß, sagt er den Christen große Wahrheiten, und zeigt hier besonders seinen durchdringenden Verstand. Er giebt dem Dichter Gelegenheit mit seiner Ironie auch den Wahn zu berühren, der die Christen so oft zu den Verfolgern derer macht, die sie als Irrgläubige verachten. Was ist oft diese christliche Milde, mit der sie prahlen, und sich doch von der Lehre des Stifters ihrer Religion verirren? Sie wird im Sklaven vergessen; sie vergißt sich, wenn der Herzog die dem Scheilock schon angekündigte Gnade, zurücknimmt, wenn er nicht einwilligt, ein Christ zu werden. Weniger fürchterlich erscheint unter solchen Umständen der an sich verabscheuungswürdige Haß Scheilocks, wenn man bemerkt, daß er doch nicht ganz unbegründet ist, und daß ein sehr verständiger, aber ganz gefühlloser Mensch, den die reine Lehre hingebender Liebe nie ansprechen konnte, diejenigen hassen muß, die von christlicher Milde und Duldung sprechen, indem sie ihre Unduldsamkeit und ihren gegenseitigen verachtenden Haß in solchem Maaße in Thaten darlegen. Scheilocks Geitz, seine Habsucht, und die Schlauigkeit seiner Ansichten und Pläne zum Gewinn, sein Benehmen, als seine Tochter mit einem Christen und mit seinen Schätzen davon geht, und sein Entsetzen, als er nun gar vernimmt, wie sein Geld vergeudet wird, erheben ihn zu dem wahren Repräsentanten seines Stamms, der unmöglich wahrer und herrlicher dargestellt werden kann. Sein Genosse Tubal, von weniger Bedeutung, ist doch eine unerläßliche Nebenperson, da er die Gelegenheit giebt, den Scheilock auch unbemerkt von christlichen Augen, sich ganz als Jude gehen zu lassen. Bis in die kleinsten Züge ist dieser Charakter wahr.

Einen trefflichen Gegensatz zu ihm, bildet der schwermüthige, sich selbst verläugnende Antonio. Bei aller Herrlichkeit und Wahrheit seiner Darstellung ist er doch nicht in der Consequenz, als Scheilock geschildert. Er giebt sich einer edlen, seiner ganz würdigen Freundschaft hin. Er opfert sich mit der innigsten Liebe, und seinem Unstern mit männlicher Geduld; aber man begreift doch nicht, wie der edle Mensch, der selbst dem ihm fremden Hülflosen beispringt, der so uneigennützig nie sein eignes, um das Wohl seiner Nebenmenschen beachtet, seinem Freunde die Folterqual wünschen kann, ein Zeuge des Todes zu seyn, den er für ihn erduldet; und eben so wenig ist es erklärlich, wie er mit höchster Intoleranz dem Juden ein Urtheil spricht, das bei weitem härter war, als das schon vom Gericht ausgesprochne.

War es im ersten Falle die Lebenslust, die vom Freunde Rettung erwartete? War es in letzterer Hinsicht die Absicht des Dichters, die Widersprüche des menschlichen Geistes und Herzens recht nachdrücklich ins Licht zu stellen; so ist es doch fast unbegreiflich, wie der Dichter die Gelegenheit vorüber gehen lassen konnte, die Glorie der christlichen Lehre in allem Reichthum ihrer Göttlichkeit vor Augen zu legen. Schon der Herzog deutete darauf hin. Er sprach ein milderes Urtheil aus christlicher Liebe, um zu zeigen: daß Liebe der Geist des Christenthums sey.

Bassanio, ein schöner, heiterer, verständiger Jüngling, ist in der That so höchst liebenswürdig dargestellt, daß Portias Neigung und Antonios hingebende Freundschaft vollkommen gerechtfertigt erscheinen. Lebensfroh und in der Kraft einer unbefleckten Jugend, erwirbt er verdienstvoll ein hohes, irdisches Glück, liebt den Freund seiner Seele mit glühendem Eifer, denkt und handelt für seine Rettung, und ist selbst bereit, einer lang begründeten Freundschaft die feurigste Liebe zu opfern. Durchaus edel erscheint er überall.

Antonios und Bassanios gemeinschaftliche Freunde, Salanio, Salarino, Lorenzo, Gratiano und Salerio, sind eben so heitre, unbefangene, verständige Männer. Jeder für sich interessant und einnehmend, können wir, — Salerio vielleicht als bloße Beigabe von geringerer Bedeutung ausgenommen, — keinen entbehren. Sie alle dienen als eine anständige Begleitung der Hauptpersonen, dem Dichter dazu, das menschliche Herz dem Menschen vielseitig zu entfalten. Fast nie erscheinen sie, ohne bedeutungsvolle Bemerkungen in den Kranz zu flechten, der das Haupt des Dichters umblühen wird, so lange gefühlvolle Herzen und erleuchtete Geister auf der Erde wallen.

Auch die Prinzen von Marocco und Aragonien sind in dieser Hinsicht sehr bedeutend. In ihnen zeigt sich der Trotz menschlicher Weisheit in aller seiner Schwäche. In schönen, und zum Theil sehr wahren Worten verfehlen sie die Wahrheit, die sie zu besitzen wähnen, und zeigen die Sofistereien der Philosophie.

Der Herzog von Venedig erscheint überall würdig und edel. Ein gerechter und menschenfreundlicher Fürst. Da er nur bestimmt ist, den merkwürdigen

Rechtsfall zwischen Antonio und Scheilock zu leiten, ohne in die Handlung selbst anders, als mit obrigkeitlicher Würde einzugreifen, so erfüllt er diesen Zweck vollkommen.

Portia ist mit allen Reitzen der Schönheit, der Jugend, der Geistesbildung und des Adels der Gesinnungen geschmückt. Zart und sittsam wie sie erscheint, ist ein köstlicher Humor eine liebliche Zugabe zu ihren Talenten. Mit welcher Schalkheit kritisirt sie ihre Freier, mit wie durchdringendem Verstande rettet sie den Freund ihres Geliebten vom Tode. Wenn auch der gelehrte Doctor, der im Hintergrunde bleibt, der Triumph der Rechtsgelehrten bleibt, der ihr kaum anstehen würde, so gehört doch die anmuthige sinnige Anwendung der Rettungsmittel ihr allein.

Ihre Dienerin, Nerissa, giebt ihr an Liebenswürdigkeit und Schalkheit wenig nach. Schelmisch, aber schuldlos unterstützt sie die heitren Pläne ihrer unvergleichlich geschilderten Herrin.

Blühend und unschuldig erscheint auch Jessica, die aus sich selbst herrlich gebildete Jungfrau, der wir leicht vergeben, daß sie sich so kalt von einem Vater losreißen kann, von dem sie in der Gesinnung so himmelweit verschieden ist. Von der Hoheit der christlichen Lehre ergriffen, folgt sie einem würdigen Geliebten.

Auch Lanzelot wollen wir nicht vergessen. Er ist ein so trefflicher Narr, daß wir ihn zu unsrer Erheiterung nicht vermissen mögen. Seine muthwillige Laune ist so erfreulich, als unterhaltend, und die Scene, in der er mit seinem Vater zusammentrifft, voll Wahrheit und Humor.

So reich ausgestattete Charaktere können nichts Gemeines und Gewöhnliches sprechen, und so ist denn auch keine Scene, ja man kann ohne Uebertreibung beinahe sagen, kein Vers, in diesem unübertreffbar schönem Gedicht, ohne Weisheit und Lehre, und das Ganze eine überschwengliche Fundgrube der Weisheit und des Adels der Gesinnungen.

Die englischen Erklärer unsers Dichters haben es sich nicht verdrießen lassen, die Novellen aufzusuchen, nach denen der Dichter gearbeitet hat; und es ist nur zweifelhaft, ob er ihnen folgte, oder einem älteren' Schauspiel, dessen in Gossons Stool of Abuse vom Jahr 1579. gedacht wird, und welches den Titel führte:

> The jew shown at the Bull, representing the greediness of worldly choosess and the bloody minds of usurers.

Wie dem auch sey, unser Schauspiel muß von 1598. geschrieben seyn, denn in Mores's Wits Treasury wird es schon mit mehreren andern Schauspielen unsers Dichters genannt. In den Jahrbüchern des Buchhändlervereins in London erscheint sein Titel überdieß am 22. Julius 1598.

Der Liebe verlorne Mühe.

Handelnde Personen.

Ferdinand, König von Navarra.
Biron,
Longaville, } Hofleute des Königs.
Dümain,
Boyet, } Hofleute im Gefolge der Prinzessin von
Markade, } Frankreich.
Don Adriano da Armado, ein fantastischer Spanier.
Sir Nathaniel, ein Geistlicher.
Holofernes, ein Schulmeister.
Stumpf, ein Gerichtsbeamter.
Dickkopf, ein Tölpel.
Motte, Armado's Edelknabe.
Ein Förster.

Die Prinzessin von Frankreich.
Rosaline,
Maria, } Hofdamen der Prinzessin.
Katharina,
Jaquenette, eine Bauerdirne.

Officiere und andres Gefolge des Königs und der Prinzessin.

Die Scene ist in Navarra.

Erster Aufzug.

Erste Scene.

Ein englischer Garten, in welchem sich ein Schloß befindet.

Der König, Biron, Longaville und Dümain treten auf.

König.

Der Ruhm, nach dem im Leben jeder jagt,
der lebe einst in unsers Grabmahls Erz
gegraben, fort, und schmücke uns alsdann
im schmuckberaubten Tode, wenn zum Troß
der gierigen und allgefräß'gen Zeit,
das Unternehmen dieses Augenblicks
die Ehr' erkaufen kann, die ihrer Sense
die Schärfe nimmt, und uns zu Erben macht
der Ewigkeit. Drum, tapfre Sieger ihr, —
denn solches seyd ihr, da ihr ja bekämpft
die eigne Leidenschaft und die Begierden
der Welt', ein unermeßlich großes Heer! —

Bleib unsre letzte Vorschrift streng in Kraft.
Ein Wunder sey Navarra für die Welt,
der Hof hier, einer hohen Schule gleich,
betrachtungsvoll und still, in reger Kunst.
Ihr dreie, Biron, Dümain, Longaville,
beschwort, Mitschüler mir drei Jahr hindurch
zu bleiben, und die Satzungen zu halten,
die dieß Verzeichniß hier in sich begreift.
Ihr habt geschworen, unterschreibt euch nun;
damit die eigne Hand die Ehre des
zu Boden schmettre, der den kleinsten Zweig
davon verletzt. Seyd ihr gerüstet nun,
das zu vollziehn, was ihr beschworen habt,
so unterzeichnet euren hohen Schwur,
und er sey künftig eure Regel nur.

Longaville.

Ich bin bereit. Drei Jahr sind nur zu fasten!
Es schmaus't der Geist, wenn auch der Körper zehrt.
Der fette Wanst hat nur ein dürres Haupt.
Die Rippen werden reich von Leckerbissen;
doch banquerott dabei wird alles Wissen.

Dümain.

Geliebter Herr! Dümain hat sich kasteit.
Die gröbre Art der Weltergötzungen,
hat er den niedren Sklaven aufgewälzt,

der groben Welt. Für Liebe, Reichthum, Pracht,
verdorr' ich nun und sterbe; jenen gleich,
die leben nur in der Philosophie.

Biron.

Was jene schon betheuert, wiederhol' ich.
Beschworen schon, mein theurer Lehnsherr, ist's,
studirend hier drei Jahre zu verleben.
Doch giebt es andre strenge Regeln noch,
als: in der ganzen Zeit kein Weib zu sehn,
was, hoff' ich, dort nicht eingetragen steht;
in jeder Woche fasten einen Tag,
und nur ein Mahl für jeden andern Tag;
was, hoff' ich, dort nicht eingetragen steht;
und in der Nacht drei Stunden nur zum Schlaf,
den ganzen Tag zu nicken nicht einmal! —
Ich, der gewohnt zu denken ohne Harm
all' Nachts, und halb den Tag zur Nacht zu machen, —
was, hoff' ich, dort nicht eingetragen steht.
O, trocknes Werk! zu schwere, schwere Sachen!
Kein Weib zu sehn! studiren, fasten, wachen!

Longaville.

Du schworst ja schon, dies alles aufzugeben!

Biron.

Nein! sag' ich, und mein Lehnsherr mag's vergeben!

Ich habe nur geschworen zu studiren,
und hier drei Jahr' am Hofe zu verlieren.

König.

Das schworst du, auch das andre, liebes Herz!

Biron.

Bei Ja und Nein! so schwor ich's nur im Scherz!
O sagt: was ist des Studiums Zweck und Preiß?

König.

Ei, das zu wissen, was man sonst nicht weiß.

Biron.

Verschlossen ist, verhüllt gemeinem Sinn?

König.

Das ist des Studiums göttlicher Gewinn.

Biron.

Ha, dann! dieß Studium beschwör' ich gern;
daß ich, was ich nicht soll, erkennen lern'.
Das Studium: ein Gastmahl zu ergründen,
wenn mir das Mahl ausdrücklich ward entrückt;
das Studium: ein schönes Kind zu finden,
das kein gemeiner Menschensinn erblickt;
das Studium: den mir zu läst'gen Schwur
zu brechen, ohne Treuebruches Spur.
Ist das Gewinn des Studiums, kann es seyn;

kann Studium Wissens sich unwissend freun; —
beschwört mir das! — so sag' ich niemals Nein!

König.

Die Schranken sind's, vor den die Studien fliehn,
die unsern Geist zu eitlen Freuden ziehn.

Biron.

Ei, alle Freud' ist eitel, die zumal,
die qualenvoll erjagt, nichts giebt als Qual!
Wie dem, der sich auf Büchern krümmt und windet,
der Wahrheit Licht zu suchen, — wenn dieß Licht
verrätherisch sein Augenlicht erblindet.
Licht sucht das Licht, und Licht betrügt um Licht.
So, eh' er noch das Licht im Dunkel findet,
erdunkelt sich sein Licht, und er erblindet.
Studirt nur recht, das Auge zu erquicken,
indem ihr's auf ein schön'res Auge senkt,
das hellerglänzend leitet zum Entzücken,
und den Geblendeten mit Licht beschenkt.
Die Weisheit, der glorreichen Sonne gleich,
ist nicht mit frechen Augen zu durchschauen.
Kein Placker 1) wurd' am wahren Geiste reich,
und höchstens war ein niedriges Vertrauen
auf fremde Schrift, der Lohn für alles Schauen.
Die ird'schen Pathen zu des Himmels Licht,
die jeden Fixstern mit dem Namen nennen,
gewinnen mehr vom nächt'gen Schimmer nicht,

als der spazieret, ohne sie zu kennen.
Zu vieles Wissen heißt: das Wissen nicht erstreben;
und Namen kann ein jeder Pathe geben.

König.

Wie lehrreich er die Lehren weiß zu mindern!

Dümain.

Wohl ausgeführt, Ausführung zu verhindern.

Longaville.

Er jätet Korn, und läßt das Unkraut wüthen.

Biron.

Der Lenz ist nah, wo grüne Gänse brüten.

Dümain.

Wie paßt denn das?

Biron.

Geschickt! zu Ort und Zeit!

Dümain.

Nicht zur Vernunft.

Biron.

Nun dann, zum Reim bereit.

Longaville.

Dem Frost gleicht Biron, dessen neidisch Kneifen
des Frühlings erstgeborne Kinder beißt.

Biron.

Wohl! sagt, ich sey's. Ist es denn zu begreifen,
wenn sich der stolze Sommer brüstend preißt,
eh noch ein Vogel Ursach hat zum Singen?
Wie kann unzeit'ge Frucht mir Freude bringen?
Nach Rosen frag' ich nicht zur Weihnachtszeit;
nach keinem Schnee im prächt'gen Maienkleid;
nur jedes Ding zur rechten Zeit erfreut.
So klettert ihr, — zu alt schon zum Studiren
auf's Haus, zu öffnen seine kleinen Thüren.

König.

Wohl, Biron! du bist frei! Kannst heimwärts eilen!

Biron.

Mein guter Herr! ich schwor bei euch zu weilen,
ob ich gleich mehr sprach für die Barbarei,
als für den Engel, die Erkenntniß ihr
je sagen könnt, halt' ich den Eid doch treu,
und büße jeden Tag, drei Jahr' lang hier.
Gebt mir die Schrift; ich sehe sie nur an;
die strengste Vorschrift unterschreib' ich dann.

König.

Vom Schimpf errettet der Entschluß den Mann.

Biron, liest. „Desgleichen: daß kein Frauen-

zimmer sich im Bezirk einer halben Stunde meinem Hofe nahen soll."
Ist dieß bekannt gemacht?

Longaville.

Schon vor vier Tagen.

Biron.

Laßt mich die Strafe sehn!

Er lieset.

Bei Verlust ihrer Zunge!"

Wer sann dieß aus?

Longaville.

Nun, das that ich!

Biron.

O kannst du mir nicht sagen,
mein süßer Herr, warum?

Longaville.

Um sie heraus
zu schrecken, durch der Strafe Grausenheit!

Biron.

Gefährliches Gesetz für Menschlichkeit! [2])

Er lieset.

„Desgleichen: wenn man gewahr wird, daß irgend Jemand mit einem Frauenzimmer in dem Zeitraum von drei Jahren spricht, so soll er eine solche Schmach öffentlich erdulden, als die Uebrigen am Hofe nur immer ersinnen können."

Den Punkt, mein Lehnsherr, müßt ihr selber brechen,
denn, als Gesandtin kommt, wie ihr gesteht,
die Königstochter Frankreichs, euch zu sprechen;
ein holdes Fräulein, voller Majestät!
um Aquitanien ihrem alten, schwachen,
bettlägrig siechem Vater zu verleihn.
Das muß nun diesen Punkt vergeblich machen,
soll nicht umsonst der Fürstin Herkunft seyn.

König.

Was meint ihr, Herrn? Dieß fiel uns gar nicht ein!

Biron.

So schoß das Studium wiederum vorbei!
Weil es studirte, was es haben wollte,
vergaß es das zu machen, was es sollte;
und hat's, was es auf's eifrigste erjagt,
so ist's wie eine Stadt durch Feu'r gewonnen,
und nichts, als so gewonnen, so zerronnen.

König.

Durchaus ist dieß Gesetz nicht abzufassen!
Die Noth erfordert, sie hier zuzulassen.

Biron.

Die Noth macht uns dreitausendmal verschwören

im Zeitraum dreier Jahre. Jedermann
wird mit den Leidenschaften hier geboren,
und nicht Gewalt ist's, die ihn meistern kann;
besondre Gnade nur. Brech' ich den Eid,
so sey dieß Wort mein Anwald jederzeit:
meineidig bin ich durch Nothwendigkeit.
Im weitsten Sinn d'rum unterschreib' ich eben;

Er unterschreibt sich.

und wer im kleinsten Maß die Vorschrift bricht,
sey einer ew'gen Schande übergeben!
Was andere versucht, verschont mich nicht.
Ja, schein' ich gleich verdrossen, halt' ich doch
den Eid, gewiß am allerlängsten noch. —
Ist aber gar kein geist'ger Scherz gewährt?

König.

Ei, allerdings. Du weißt ja, oft beschwert
ein affectirter Reisender uns sehr
am Hof, ein Spanier; ein Mann, bewährt
in neuen Moden aller Welten; der
im Hirn hat eine Münz', die Phrasen prägt,
dem seiner eignen Zunge leerer Klang,
wie reitzende Musik entzückt und trägt
empor; dem stets das Compliment gelang:
den Recht und Unrecht zum Schiedsrichter wählen
in ihrem hochverrätherischem Zwist.
Dieß Kind der Phantasie; — (Armado ist

des aufgeblas'nen Namen —) soll erzählen
in hochgebornen Worten zum Erstaunen
bei unsrer Studien Muße, von dem Werth
so mancher Ritter Spaniens, des braunen,
die in den ird'schen Kämpfen sich zerstört.
Zwar weiß ich nicht, wie euch das wird vergnügen,
doch, ich versichr' es, gern hör' ich ihn lügen,
als meinen Sänger will ich mir ihn fügen.

Biron.

Armado ist ein höchst berühmter Wicht,
der stets mit frisch geprägten Worten spricht.
Ein Ritter von selbst eigner Sitte.

Longaville.

Er
und Schäfer Dickkopf sollen uns ergötzen,
und so studirend, wird es uns nicht schwer,
drei Jahre Zeit nur für ein Nichts zu schätzen.

Stumpf mit einem Briefe und Dickkopf treten auf.

Stumpf. Welches ist denn hier der König in eigner Person?

Biron. Hier, Freund! was willst du?

Stumpf. Ich stelle selbst seine eigne Person vor, denn ich bin seiner Gnaden Gerichtsbeamter; aber ich möchte doch gern seine eigne Person in Fleisch und Blut sehen.

Biron. Da ist er.

Stumpf. Herr, Arme — Arme — empfiehlt sich euch. Da draußen gehen Spitzbübereien vor; der Brief wird euch mehr sagen.

Dickkopf. Herr, was Schlechtes drin ist *) geht mich gewissermaßen an.

König. Ein Schreiben vom prächtigen Armado.

Biron. Wie geringfügig die Sache auch seyn mag, so erwarte ich doch bei Gott erhabene Worte.

Longaville. Eine hohe Hoffnung, für ein geringes Haben. 3) Gott verleih' uns nur Geduld.

Biron. Zu hören, oder das Hören zu unterlassen?

Longaville. Mit Sanftmuth zu hören, und mäßig zu lachen, oder beides zu unterlassen.

Biron. Gut, Herr, sey es der Steige seines Styls überlassen, uns das Aufklimmen zum Scherz zu gewähren. 4)

Dickkopf. Die Sache geht mich an, in Betreff Jaquenettens. Und die That verhält sich so, daß ich auf der That ertappt wurde.

Biron. Auf welcher That?

---

*) Dickkopf sagt im Englischen statt contents (Inhalt) contemps (Verachtung).

Dickkopf. In folgender That und Form, meine Herren, alle drei. Man hat mich mit ihr im Herrnhause gesehn, wo ich mit ihr auf einer Bank saß, und wurde ertappt, als ich ihr in den Garten folgte; welches, zusammen genommen, in folgender That und Form erfolgte. Was nun, Herr, die That betrifft, — so ist es die That des Mannes, der mit einem Frauenzimmer spricht; — was aber die Form betrifft, — in einer Form, —

Biron. Die Folge, Freund?

Dickkopf. Wie es in meiner Bestrafung folgen wird, und, Gott schütze das Recht!

König. Wollt ihr das Schreiben mit Aufmerksamkeit anhören?

Biron. Als wenn es ein Orakel wäre.

Dickkopf. So groß ist die Einfalt des Menschen, daß er horchet auf's Fleisch.

König, liest. „Erhabner Abgeordneter, Statthalter des Firmaments! Alleinherrscher von Navarra! Meiner Seele irrdische Gottheit, und meines Körpers nährender Gönner!“

Dickkopf. Noch kein Wort vom Dickkopf.

König, liest. „So ist's!“

Dickkopf. Es kann so seyn, wenn er aber sagt: so ist's, so ist er, die Wahrheit zu sagen, nur so so.

König. Friede! —

Dickkopf. Sey mit mir, und jedem, der nicht fechten mag!

König. Kein Wort!

Dickkopf. Von andrer Leute Geheimnissen; darum bitt' ich euch!

König, liefet. „So ist's! Von schwarz gefärbter Melancholie belagert, empfahl ich die dunkle niedergebeugte Laune der heilsamen Arzenei, der Gesundheit verleihenden Luft; und nahm, so wahr ich ein Edelmann bin, meine Zuflucht zum Spazierengehen. Um welche Zeit? — Um die sechste Stunde, wenn die Thiere am meisten grasen, die Vögel am besten picken, und die Menschen sich zu den Nahrungsmitteln niederlassen, die man das Abendbrodt nennt. So viel in Ansehung der Zeit! Nun von der Gegend, ich meine von der, in welcher ich lustwandelte, und der euer Park genannt wird. Was nun den Ort selbst betrifft, wo? — wo, mein' ich, ich den schändlichen, höchst gottlosen Vorfall antraf, der aus meiner schneeweißen Feder durch die ebenholzfarbige Dinte hervorgeht, den ihr hier schaut, beseht, überseht, oder seht; — was den Ort, wo? betrifft, — so lag er Nord-Nord-Ost, und in Osten vom Westwinkel eures sonderbar verflochtenen Gartens. Da sah ich den feigherzigen Schäfer, den niedrigen Gründling eures Scherzes,

Dickkopf. Mich!

König. „Diese ungelehrte, wenig wissende Seele.“

Dickkopf. Mich!

König. „Diesen seichten Unterthan.“ —

Dickkopf. Immer noch ich!

König. „Der, so viel ich mich erinnere, Dickkopf heißt!“

Dickkopf. Ja, ja, ich!

König. „Verbunden, und mit verbunden gegen eure bestimmten, bekannt gemachten Gesetze, und festen Canon mit, mit, o, mit! — mit etwas, das meine Leidenschaft mir nicht zu sagen erlaubt.“

Dickkopf. Mit einer Dirne.

König. „Mit einem Kinde unsrer Großmutter Eva, einem weiblichen Geschöpf, oder um ganz verstanden zu werden, mit einem Frauenzimmer. Den hab' ich nun, — wie meine stets geachtete Pflicht mich dazu antreibt, euch zugesendet, um den Lohn der Strafe von dem Beamten eurer milden Gnade, Antonius Stock zu empfahen, einem Manne, von gutem Ruf, gutem Betragen, guter Aufführung und Achtung.“

Stock. Das bin ich, wenn's euer Gnaden beliebt. Ich bin Antonius Stock.

König. „Was Jaquenette anbetrifft, (so heißt

das schwächere Gefäß, das ich mit vorgedachtem Schäfer ertappte,) so halt' ich sie als ein Gefäß für die Furie der Gesetze fest, und werde sie, auf den geringsten Wink eurer milden Nachricht, zur Untersuchung gestellen. Der Eurige, in aller Vollendung gelobter und herzbrennender Glut der Pflicht. Don Adriano de Armado."

Biron. Das ist zwar nicht so schön, als ich es erwartet habe, aber doch das Beste, was ich jemals hörte.

König. Ja, ja! das Beste vom Schlechtesten. Aber Freund, was sagst du dazu?

Dickkopf. Gnädiger Herr, ich bekenne mich zu der Dirne.

König. Hast du das Aufgebot vernommen?

Dickkopf. Ich muß bekennen, daß ich viel davon gehört, aber wenig davon behalten habe.

König. Es ward öffentlich bekannt gemacht, daß jeder, der mit einer Dirne betroffen wird, ein Jahr lang in's Gefängniß gesetzt werden solle.

Dickkopf. Ich bin mit keiner betroffen, gnädiger Herr! Ich wurde mit einer Mamsell betroffen.

König. Wohl! Auch in Betreff der Mamsells geschahe die Bekanntmachung.

Dickkopf. Es war gar keine Mamsell, gnädiger Herr; es war eine Jungfer.

König. Auch diese Abänderung findet nicht statt, auch von Jungfrau'n lautet die Bekanntmachung.

Dickkopf. Wenn das ist, so läugne ich ihre Jungferschaft, ich wurde mit einem Mädchen betroffen.

König. Auch das Mädchen wird dir nicht helfen, mein Freund!

Dickkopf. Das Mädchen wird mir helfen, gnädiger Herr.

König. Freund, ich will dein Urtheil sprechen. Du sollst eine Woche lang bei Kleienbrod und Wasser fasten.

Dickkopf. Ich möchte lieber bitten um einen Monat bei Hammelfleisch und Suppe.

König.

Und Don Armado soll dein Kerkermeister seyn —
Sorg', Biron, daß man ihn ihm übergebe;
und laßt uns gehn, ihr Herrn, in's Werk zu setzen,
was jeglicher von uns so streng beschwor.

Alle gehen ab.

Biron.

Den Kopf setz' ich zum Pfande für den Hut
jedwoden guten Mannes; — diese Eide,
und diese Satzungen gedeih'n nicht gut,

und eitle Schmach gewähren sie uns beide. Komm, Bursch!

Dickkopf. Ich muß um der Wahrheit willen leiden, gnädiger Herr! Denn wahr ist's: daß man mich mit Jaquenetten ertappte, und Jaquenette ist ein wahrhaftiges Mädchen, und daher willkommen, du bittrer Becher der Glückseligkeit. Das Unglück kann einmal wieder lächeln, und bis dahin, ruhe dich aus, Kummer.

Sie gehen ab.

Zweite Scene.

Ein andrer Theil des Parks. Armado's Wohnung.

Armado und Motte treten auf.

Armado. Knabe! Was hat das zu bedeuten, wenn ein Mann von großem Geist melancholisch wird.

Motte. Große Bedeutung, Herr! daß er traurig aussehen wird.

Armado. Ei! Traurigkeit ist ja ein und dasselbe Ding, mein theures Söhnchen!

Motte. Nein, nein! O Gott, gnädiger Herr! nein!

Armado. Wie unterscheidest du denn Traurigkeit und Melancholie, mein zarter Jüngling?

Motte. Durch eine bekannte Erklärung ihres Wirkens, mein zäher Alter!

Armado. Wie? zäher Alter? warum denn zäher Alter?

Motte. Warum denn zarter Jüngling? warum zarter Jüngling?

Armado. Ich nannte dich zarter Jüngling, weil es ein entsprechendes Epitheton deiner jugendlichen Tage ist, die man wohl zart nennen kann.

Motte. Und ich nannte euch einen zähen Alten, weil dieß der gebührende Titel eures Alters ist, das man wohl zähe nennen kann.

Armado. Recht niedlich und passend.

Motte. Wie meint ihr das, gnädiger Herr? bin ich niedlich und ist meine Rede passend? oder bin ich passend, und ist meine Rede niedlich.

Armado. Du bist niedlich, weil du klein bist.

Motte. Ein klein wenig niedlich, weil ich klein bin; warum aber passend?

Armado. Und deßhalb passend, weil du gewandt bist.

Motte. Sagt ihr das zu meinem Lobe, gnädiger Herr?

Armado. Zu deinem wohlverdienten Lobe.

Motte. Mit demselben Lobe will ich einen Aal loben.

Armado. Wie? daß ein Aal geistreich ist?

Motte. Daß ein Aal gewandt ist.

Armado. Ich sage, daß du gewandt in Antworten bist. Du erhitzest mein Blut!

Motte. Ich habe meine Antwort, Herr!

Armado. Ich lasse mir nicht gern widersprechen.

Motte, für sich Er spricht das reine Gegentheil, wenn ihm die Liebe nicht widerspricht.

Armado. Ich habe versprochen, drei Jahr lang mit dem Könige zu studiren.

Motte. Das könnt ihr in einer Stunde thun, gnädiger Herr!

Armado. Unmöglich!

Motte. Wie viel ist einmal drei?

Armado. Ich bin ein schlechter Rechner. Das Rechnen ziemt sich für den Geist eines Bierzapfers.

Motte. Ihr seyd ein Edelmann und ein Spieler, gnädiger Herr!

Armado. Beides bekenn' ich, denn beides ist der Firniß eines vollkommenen Mannes.

Motte. Dann wißt ihr auch zuverlässig, die Hauptsumme von zwei und eins.

Armado. Die beträgt eins mehr als zwei.

Motte. Was der niedre Pöbel drei nennt.

Armado. Richtig.

Motte. Wie? gnädiger Herr, ist das so ein Stück von Studium? So habt ihr ja dreimal hier studirt, ehe ihr dreimal mit den Augen blinztet, und wie leicht ist das Wort Jahre zur Sylbe drei zu setzen, und drei Jahre über zwei Worte zu studiren, kann euch das tanzende Pferd sagen. 5)

Armado. Eine höchst feine Redensart.

Motte, für sich. Um euch eine Zahl zu beweisen.

Armado. Hiernächst will ich denn bekennen, daß ich verliebt bin; und wie es für einen Soldaten niedrig ist, zu lieben, so hab' ich mich in eine niedrige Dirne verliebt. Wenn das Ziehen meines Schwerts gegen die Laune der Liebe mich von den ruchlosen Gedanken daran befreien könnte, so könnt' ich die Begierde gefangen nehmen, und sie als Auslösung an einem französischen Hofcavalier für eine neu erfundne Höflichkeit geben. Ich halt' es für schmachvoll zu seufzen. Ich sollte den Kupido abschwören. Tröste mich Knabe! — Welche große Männer waren verliebt?

Motte. Herkules, Herr!

Armado. Holdester Herkules! — Noch mehr Authoritäten, theuerster Knabe! nenne noch mehr, und mein süßes Kind, laß es Manner von gutem Ruf und Betragen seyn.

Motte. Simson, Herr, das war ein Mann von

gutem Betragen, und von großem Betragen, denn der trug die Stadtthore wie ein Lastträger auf seinem Rücken fort, und der war verliebt.

Armado. O wohl verbundner Simson! stark gegliederter Simson! Ich übertreffe dich mit meinem Degen, wie du mich in Ansehung des Thortragens übertriffst. Auch ich bin verliebt. Wer war denn Simsons Geliebte, mein theurer Motte?

Motte. Ein Frauenzimmer, gnädiger Herr!

Armado. Von welcher Gesichtsfarbe?

Motte. Von allen vieren, oder von dreien, oder zweien, oder einer von vieren.

Armado. Sage mir bestimmt, von welcher Farbe.

Motte. Von Seewassergrün, gnädiger Herr.

Armado. Ist das eine von den vier Gesichtsfarben?

Motte. Wie ich gelesen habe, gnädiger Herr, und noch dazu die beste von allen.

Armado. Grün ist in der That die Farbe der Liebenden; aber eine Geliebte von der Farbe zu haben, dazu scheint mir Simson doch wenig Grund gehabt zu haben. Er hat sie zuverlässig ihres Witzes halber geliebt.

Motte. So war's, gnädiger Herr, denn sie hatte einen grünen Witz.

Armado. Meine Geliebte ist vom unbeflecktesten Weiß und Roth.

Motte. Die beflecktesten Gedanken, Herr, verbergen sich unter diesen Farben.

Armado. Erkläre mir's, erkläre mir's, du wohlerzognes Kind.

Motte. Witz meines Vaters, und Zunge meiner Mutter stehet mir bei!

Armado. Holder Anruf eines Kindes! höchst artig und pathetisch.

Motte.

Ein weiß und roth gefärbtes Kind
verbirgt die Fehler leicht;
das Schaamroth wird von Schuld geschwind,
und Weiß von Furcht erzeugt.
Wer sieht nun, ob es Furcht gebleicht,
ob es die Schaam gefärbt,
da seine Wange das nur zeigt,
was ihm Natur vererbt.

Ein gefährlicher Reim, gnädiger Herr, gegen jeden Grund von Weiß und Roth.

Armado. Giebts nicht eine Ballade, Knabe, vom König und vom Bettler?

Motte. Die Welt trug vor etwa drei Jahren die Schuld einer solchen Ballade; jetzt aber glaub' ich, ist sie nicht mehr aufzufinden, oder wäre sie's, so würde sie weder zum Aufschreiben, noch zum Singen taugen.

Armado. Ich wünsche, die Geschichte würde von neuem aufgeschrieben, um an einem mächtigen Vorgänger ein Beispiel meiner Abweichung zu haben. Knabe, ich liebe das Landmädchen, das ich im Park mit dem, mit Vernunft begabten Thiere, Dickkopf antraf. Sie verdient es.

Motte, für sich. Ausgepeitscht zu werden, und einen bessern Liebhaber zu haben, als meinen Herrn.

Armado. Singe mir etwas, Knabe! Mein Geist wird ganz schwermüthig vor Liebe.

Motte. Und das ist ein groſses Wunder, wenn man eine leichte Dirne liebt.

Armado. Singe, sag' ich dir.

Motte. Laßt nur erst diese Gesellschaft vorüber.

Stock, Dickkopf und Jaquenette treten auf.

Stock. Gnädiger Herr, der König befiehlt, daß ihr Dickkopf in Gewahrsam behalten, und ihm keine Ergötzung und keine Buße gewähren sollt, sondern er soll drei Tage in der Woche fasten. Was aber diese Mamsell betrifft, so muß ich sie im Park festhalten, sie ist zum Milchmädchen bestimmt. Lebt wohl.

Armado. Ich verrathe mich selbst durch mein Erröthen. — Mädchen.

Jaquenette. Mann!

Armado. Ich werde dich in deiner Wohnung besuchen.

Jaq. Das wäre schön! *)

Armado. Ich weiß, wo sie ist.

Jaq. O Gott, wie weise ihr seyd!

Armado. Ich will dir Wunderdinge erzählen.

Jaq. Mit diesem Gesicht?

Armado. Ich liebe dich!

Jaq. So sagt ihr, wie ich höre.

Armado. Und so lebe wohl.

Jaq. Gutes Wetter folge euch.

Stock. Komm, Jaquenette, fort!

Stock und Jaquenette gehen ab.

Armado. Hund! du sollst für deine Sünden fasten, ehe du Vergebung erhältst.

Dickkopf. Sehr wohl, gnädiger Herr, ich hoffe, wenn ich's thue, es mit vollem Magen zu thun.

Armado. Du sollst schwer gezüchtigt werden.

---

*) Im Text steht that's hereby d. i. wörtlich: das ist hier neben an. Nach Steevns sprechen die gemeinen Leute in einigen Orten Englands that's hereby, statt as it may happen. Absichtlich wählte der Uebersetzer das Zweideutige: Das wäre schön, welches Armado auch als eine Einwilligung ansehen kann.

Dickköpf. Da bin ich euch mehr verbunden, als eure Leute, denn die werden nur leicht belohnt.

Armado. Schleppt mir diesen Spitzbuben fort! schließt ihn ein.

Motte. Komm, du sündhafter Schelm! Fort mit dir.

Dickkopf. Laßt mich nicht einschließen, gnädiger Herr, ich will fasten und frei bleiben.

Motte. Nein, mein Freund, das hieße fest und frei seyn. Du mußt in's Gefängniß.

Dickkopf. Nun gut, wenn ich jemals die frohen Tage der Betrübniß wieder erlebe, so soll einer einmal sehen —

Motte. Was soll einer sehen?

Dickkopf. Nichts, gar nichts, Mester Motte! als worauf er sieht. Es ziemt sich für keinen Gefangenen, daß er mit seinen Worten zu geheim ist; und darum will ich nichts sagen. Ich danke Gott, daß ich so wenig Geduld habe, als ein andrer Mensch, und darum kann ich ruhig seyn.

Motte und Dickkopf gehen ab.

Armado. Ich liebe selbst den Boden — welches niedrig ist — dann ihren Schuh, — das ist noch niedriger — von ihrem Fuß geleitet — das ist am niedrigsten. Ich werde meineidig, — was ein starker Beweiß der Falschheit ist — wenn ich liebe; und wie kann das wahre Liebe seyn, was so falsch unternommen ist? Liebe ist ein Vertrauter, Liebe ist ein Teufel! Es giebt keinen böseren Engel, als die Liebe. Dennoch ward Simson so versucht, der doch von so vorzüglicher Stärke war; dennoch ward Salomo so verführt, der doch einen so vorzüglichen Verstand besaß. Kupidos Pfeil ist zu hart für Herkules Keule; und daher einem spanischen Degen zu ungleich. Der erste und zweite Grund wird mir nicht frommen, denn den Fechterstoß achtet Kupido nicht, das Duell berücksichtiget er nicht. Schmählig läßt er sich Knabe nennen, aber seine Glorie ist's, Männer zu unterjochen. Lebe wohl, Kampf! roste, Degen! schweige, Trommel! denn der mit euch umgeht, ist verliebt, ja, verliebt! Stehe mir bei, irgend ein schnell ersinnender Gott des Reimes! stehe mir bei! denn wahrhaftig, es wird ein Sonettschreiber aus mir; sinne, Witz, schreibe, Feder, denn ich diene statt ganzer Volumina in Folio.

Er geht ab.

Zweiter Aufzug.

Erste Scene.

Ein andrer Theil des Parks. Ein Zelt im Vordergrunde, und andere Zelte im Hintergrunde.

Die Prinzessin von Frankreich, Rosalina, Maria Katharina, Boyet, Hofleute und andres Gefolge treten auf.

Boyet.

Nun regt die höchsten Geister auf, Prinzeß!
bedenket, wen der König abgesandt,
an wen er sendet, der Gesandtschaft Zweck.
Euch selbst, so hochgeachtet von der Welt;
euch mit dem einz'gen Erben jeglicher
Vollkommenheit, die je ein Mann erwarb,
zu unterhalten, mit Navarra, der
nicht seines Gleichen hat; der Gegenstand,
nichts weniger, als Aquitanien,
ein Brautschatz, würdig einer Königin.
Seyd so verschwendrisch nun mit euren Reitzen,

voll Kostbarkeit, als die Natur es war,
die Anmuth theuer machte, als sie euch
verschwenderisch die Reitze alle gab,
und sonst die ganze Welt verschmachten ließ.

Prinzessin.

Ist, guter Boyet, meine Schönheit gleich
nur unbedeutend, so bedarf sie doch
des Lobes malerischer Blumen nicht.
Des Auges Urtheil kauft die Schönheit; nicht
Verkäufers trügliches beredtes Lob.
Euch meinen Werth verkünden hören, macht
mich minder stolz, als ihr den Willen hegt,
ein Weiser zu erscheinen, wenn ihr so
all' euren Witz verschwendet, mich zu preisen.
Doch euer Tagwerk nun! Mein guter Boyet,
euch ist nicht unbekannt; — denn weit umher
verbreitet's das allschwatzende Gerücht, —
wie ein Gelübd' Navarra abgelegt,
daß, bis ein mühevolles Studium
drei Jahre weg gezehrt, kein weiblich Wesen
sich seinem stillen Hofe nahen soll.
Da scheint es dann ein ganz nothwend'ger Schritt,
daß, eh wir den verbotnen Thoren nahn,
wir seinen Willen kennen; und deshalb
erwählen wir denn euch, — mit Zuversicht
auf eure Würd' und Ueberredungskraft —

als unsern Anwald! Kündet ihm: die Tochter
des Königes von Frankreich suche nach
die Ford'rung eines wichtigen Geschäfts,
und bitte seine Majestät deshalb,
persönlich ihr den Zutritt zu gestatten.
Betreibe sehr die Eile, weil wir hier
gleich Bittenden, mit hingesenktem Blick
auf seinen hohen Willen harrend stehn.

Boyet.

Ich bin bereit! auf diesen Auftrag stolz.

Er geht ab.

Prinzessin.

Der Stolz ist stets bereit, so euer Stolz!
Wer sind denn die Gelobenden, ihr Herrn,
die mit dem tugendhaften König sich
zu dem Gelübd' verbanden?

Einer von den Herren.

Longaville
ist deren einer. Kennet ihr den Mann?

Maria.

Ich kenn' ihn, Herrin! bei dem Hochzeitfest
Lord Perigorts mit der anmuth'gen Erbin
des Jakob Faulconbridg', gefeiert in
der Normandie, sah ich den Longaville.

Er gilt als Mann von überlegnem Werth,
gewand in jeder Kunst, berühmt im Kampf.
Nichts steht ihm schlecht, was er mit Anmuth will.
Der einz'ge Fleck in seiner Tugend Glanz,
— wenn Tugendglanz ein Fleck beschmutzen kann, —
ist bittrer Witz, — gepaart mit einem Willen
von gar zu rauher Art, — deß' Schneide, Kraft
zum Schneiden hat, und dessen Wille stets
den Willen hat, nicht einen zu verschonen,
der seiner Macht sich naht.

Prinzessin.

Ein lust'ger Spötter,
nicht wahr, so ist's?

Maria.

Das sagen die zumeist,
die seine Laun' am besten schon gekannt.

Prinzessin.

Ein kurzbelebter Witzling, solcher Art,
verdorrt so schnell, als er entstanden ist.
Wer sind die Uebrigen?

Katharina.

Der junge Dümain, ein vollkommner Jüngling,
von jedem, der die Tugend liebt, geliebt,
um seiner Tugend willen; voller Kraft,
das höchste Unheil anzustiften, doch

des Bösen ganz unkundig; denn ihm ward
der Witz, die Mißgestalt zu machen schön,
so daß sie Gunst gewinnt, fehlt gleich ihm Witz.
Ich sah' ihn einst bei'm Herzog Alençon,
und nur zu wenig hab' ich hier gesagt,
nach dem, was ich gesehn, von seinem Werth.

Rosalina.

Mit ihm war damals dort noch einer der
Studirenden, und, hab' ich recht gehört,
so hieß er Biron. Nie verschwatzt' ich noch
mit einem heit'rern Manne, in den Grenzen
anständ'gen Scherzes einer Stunde Zeit.
Sein Aug' erzeugt ihm die Gelegenheit
für seinen Witz; was jenes nur erfaßt,
verwandelt dieser in erfreu'nden Scherz.
Mit holder Zunge, — Deuterin des Sinns, —
legt er ihn dar, in so anpassenden
und anmuthsvollen Worten, daß das Ohr
des Alten, wenn er spricht, den Horcher spielt,
und jüngre Hörer ganz Entzücken sind;
so süß ist sein Gespräch und so gewandt.

Prinzessin.

Gott segne meine Damen! Sind sie alle
verliebt, daß jede einen sich geschmückt
mit solchem Prunk und Zierrath hohen Lobs?

Maria.

Da kommt ja Boyet.

Boyet tritt auf.

Prinzessin.

Wie empfängt man uns?

Boyet.

Navarra hatte Kunde schon von euch;
Die Mitverschwornen alle, so wie er,
noch eh' ich ankam, waren schon bereit,
euch zu begegnen, holdeste Prinzeß!
So viel, in Wahrheit, hab' ich schon gelernt:
er will euch lieber einquartier'n in's Feld,
— gleich einem, der hieher kam, seinen Hof
ihm zu belagern; — als Dispensation
von seinem Schwure suchen, um für euch
zu öffnen sein an Menschen leeres Haus.
Hier kommt Navarra.

Die Damen verschleiern sich Der König, Longaville, Dümain, Biron und Gefolge treten auf.

König. Schöne Prinzessin, willkommen an Navarra's Hofe.

Prinzessin. Das schön geb' ich euch zurück, und Willkommen ward mir noch nicht gewährt. Das Dach dieses Pallastes ist zu hoch für euch, und das Willkommen in den weiten Gefilden zu niedrig für mich.

König.

Prinzeß, ihr seyd willkommen meinem Hofe.

Prinzessin.

Ich will willkommen seyn, führt mich nur hin.

König.

Vernehmt mich, theure Jungfrau, einen Eid
beschwor ich —

Prinzessin.

Unsre Jungfrau steh' euch bei!
meineidig werdet ihr! —

König.

Nein, holde Fürstin!
nicht für die Welt mit meinem Willen.

Prinzessin.

Ei,
der Wille bricht ihn, nur der Will' allein.

König.

Nicht weiß ja eure Hoheit, was ich schwor.

Prinzessin.

Wenn eure Majestät das ebenfalls
nicht wüßte, dann es Weisheit wäre, da
die Kenntniß nun Unwissenheit verräth.

Wie ich vernahm, verschwort ihr, gnäd'ger Herr,
jedweden Haushalt; — halten solchen Eid,
Todsünd' ist das! nicht Sünde, ihn zu brechen.
Allein vergebt, ich bin zu vorschnell kühn —;
Den Lehrer zu belehren, ziemt mir schlecht.
Beliebt zu lesen meiner Ankunft Zweck,
und schnell entschließt euch über mein Gesuch.

Sie überreicht ihm eine Schrift.

König.

Vielleicht kann ich die Antwort schnell ertheilen.

Prinzessin.

Damit ich um so schneller mög' enteilen.
Meineidig seyd ihr, laßt ihr mich hier weilen.

Biron, zu Rosalinen.

Hab' ich in Brabant nicht mit euch getanzt?

Rosaline.

Hab' ich in Brabant nicht mit euch getanzt?

Biron.

Das ist gewiß!

Rosaline.

Warum denn ohne Noth
die Frage fragen?

Biron.

Nicht so lebhaft gleich

Rosalina.

Ihr habt die Schuld, der mich durch Fragen spornt.

Biron.

Zu heißer Witz macht schnelles Eilen matt.

Rosalina.

Erst wenn's den Reiter abgesattelt hat.

Biron.

Was ist es an der Zeit?

Rosalina.

Die Zeit, nach welcher Narren müssen fragen.

Biron.

Mag eure Larve neue Schönheit tragen.

Rosalina.

Und Schönheit das Gesicht, das sie bedeckt.

Biron.

Ein Schwarm von Liebenden sey euch erweckt

Rosalina.

Amen! seyd ihr nur nicht dabei zu sehn.

Biron.

Wohlan, so will ich von euch gehn.

König.

Prinzessin, euer Vater deutet hier
die Zahlung an von hundert tausend Kronen;
der ganzen Summe eine Hälfte nur,
die einst für seinen Krieg mein Vater vorschoß.
Doch sagt: da weder er, noch wir, die Summ'
jemals empfingen, bliebe demnach noch
die Summe Rest von hundert tausend mehr
als unbezahlt, zu deren Sicherheit
ein Theil von Aquitanien uns zum Pfand
gegeben ist, ob es dem Werthe gleich
des Geldes nicht entspricht. Wenn nun der König
die unbezahlte eine Hälfte nur
erstatten will, so geb' ich auf mein Recht
an Aquitanien, und bin bereit,
mit seiner Majestät zu guter Freundschaft.
Doch, das bezweckt er wenig, wie es scheint,
denn, hier verlangt er hundert tausend Kronen
zurückbezahlt, und nicht bedenket er
der Zahlung der einhundert tausend Kronen,
die seinen Anspruch wiederum belebt
auf Aquitanien, von dem wir lieber
uns gänzlich losgesaget, und das Geld,
das unser Vater anlieh, angenommen,
als Aquitanien, kraftlos, wie es ist.
Wär', theure Fürstin, sein Verlangen nicht
so fern von der Gewährung der Vernunft;

würd' euer schönes Selbst, — trotz der Vernunft —
Nachgiebigkeit in meiner Brust erwecken,
und Frankreich euch befriedigt wieder sehn.

Prinzessin.

Ihr kränkt zu sehr den König, meinen Vater;
Ihr kränkt selbst eures Namens guten Ruf,
wenn ihr so ungeziemend den Empfang
der Summe läugnet, treu zurückgezahlt.

König.

Ich kann betheuern, davon hört' ich nie.
Führt den Beweis, so zahl' ich oder geb'
euch Aquitanien hin.

Prinzessin.

Ein Wort, ein Mann!
Die Quittung, Boyet, über jene Summe,
von den Beamten seines Vaters Karl
besonders ausgestellt, legt sie ihm vor.

König.

Genügt mir so.

Boyet.

Mit eurer Majestät
Erlaubniß, das Paquet ist noch nicht da,
in welchem dieß und andre Einzelnheiten
enthalten sind; ihr sollt sie morgen sehn.

König.

Das sey genug; und bei dem Wiedersehn
gewähr' ich alle Billigkeit und Recht.
Empfangt indeß den Gruß von meiner Hand,
den Ehre, ohne Bruch der Ehre, euch
nach eurem wahren Werth entbieten kann.
Zwar könnt ihr, schöne Fürstin, in mein Thor
nicht eingehn, doch hier draußen sollt ihr so
empfangen werden, daß ihr glauben sollt,
ihr seyd in meinem Herzen aufgenommen,
wenn gleich mein Haus die Wohnung euch versagt.
Ihr selbst entschuldigt mich mit weiser Einsicht.
Lebt wohl, wir warten morgen wieder auf.

Prinzessin.

Erfreulich Wohlseyn! und die schönsten Wünsche
begleiten eure Majestät hinfort!

König.

Den Wunsch erwiedr' ich euch an jedem Ort.

Der König geht mit seinem Gefolge ab.

Biron, zu Rosalinen.

Fräulein, ich will euch meinem Herzen empfehlen.

Rosalina.

O, empfehlt mich ihm ja! Ich würde mich freuen, es zu sehen.

Biron.

Ich wünschte, ihr hörtet es seufzen.

Rosalina.

Ist's Närrchen krank?

Biron.

Ach, herzenskrank!

Rosalina.

So laßt ihm Blut!

Biron.

Und ist das gut?

Rosalina.

Ei wohl, wie meine Aerzte sagen.

Biron.

Wollt ihr's mit eurem Auge schlagen?

Rosalina.

O nein, das nicht! Mit meinem Messer!

Biron.

Gott schütze euer Leben besser!

Rosalina.

Und auch das eure vor zu langem Leben.

Biron.

Ich darf nicht weilen, meinen Dank zu geben.

Er tritt zurück.

Dümain, zu Boyet.

Ich bitt' euch, Herr, ein Wort! Wer ist die Dame?

Boyet.

Alencons Erb' und Rosalin', ihr Name.

Dümain.

Ein feines Kind! Gehabt euch wohl, mein Herr.

Er geht ab.

Longaville.

Ich bitt', ein Wort! — Die dort im weißen Kleid

Boyet.

Bei Licht besehn, ein Weib, zu mancher Zeit.

Longaville.

Wohl leicht im Licht; (doch, ihren Namen begehr' ich.

Boyet.

Sie hat nur einen für sich, ihn fordern, wäre unehrlich.

Longaville.

Ich bitt' euch, wessen Tochter?

Boyet.

Die Tochter ihrer Mutter, wie man sagt.

Longaville.

Nun segn' euch Gott das Bärtlein, das ihr tragt.

Boyet.

Mein guter Herr, nicht fühlet euch gekränkt!
Sie ist die Erbin Faulconbrid'gs.

Longaville.

Nun wohl, schon ist mein Zorn gesenkt.
Sie ist das schönste Kind bei Ja und Nein!

Boyet.

Nicht unwahrscheinlich, Herr, das kann sie seyn.

Longaville geht ab.

Biron.

Wie heißt die, in dem Hut?

Boyet.

Kathrina, thut es gut!

Biron.

Vermählt schon, oder nein?

Boyet.

Sie wünscht es, Herr, zu seyn.

Biron.

Ihr seyd willkommen, Herr, lebt wohl zugleich!

Boyet.

Lebt wohl für mich, und, Herr, Willkommen! euch!

Biron geht ab. Die Damen entschleiern sich.

Maria.

Der letzte war der Biron, der heitre, tolle Herr dort,
kein Wort, das ihm nicht Scherz wird.

Boyet.

Und jeder Scherz nur ein Wort.

Prinzessin.

Daß ihr bei'm Wort ihn nahmt, war wohl gemacht.

Boyet.

Ihn anzugreifen, war ich so bedacht,
als er bereit zu entern war.

Maria.

Zwei hitzige Schafe fürwahr!

Boyet.

Warum nicht Schiffe? 7) Schafe? warum nicht gar!
mein süßes Lamm; es müßten denn wir beide
auf eueren Lippen grasen.

Maria.

Ihr Schaf, und ich die Weide?
Soll das den Scherz beenden?

Boyet.

Wenn ihr mir
die Weide zugesteht.

Er will sie küssen.

Maria.

Nicht so, mein artig Thier!
Die Lippen hier sind nicht gemeine Weide,
obgleich sie ungeschlossen liegen beide. 8)

Boyet.

Und wem gehören sie?

Maria.

Nur meinem Glück und mir.

Prinzessin.

Ein guter Witz zankt gern; doch, Freunde, hier
beendet ihn. Des Witzes Bürgerkrieg
ist besser angewendet, um den Sieg
uns zu erringen über diesen König,
und seine Bücherherrn; hier nutzt er wenig.

Boyet.

Wenn meine Wahrnehmung, die selten lügt,
mich durch die schweigende Beredsamkeit
des Herzens, die der Blick verräth, nicht trügt,
so ist Navarra angesteckt.

Prinzessin.

Womit?

Boyet.

Mit dem, was wir, die lieben, Liebe nennen.

Prinzessin.

Und euer Grund?

Boyet.

Ei, ist der zu verkennen?
Sein ganz Benehmen ist zurück gedrückt
zum Hof des Aug's, aus dem die Sehnsucht blickt.
Sein Herz, wie ein Agat, in dem das Bild
von euch geschnitten ist, es zeigt, erfüllt
von Stolz auf seine Bildung, deutlich an,
den Stolz im Blick; — die Zunge, weil sie kann
nur sprechen, nicht auch seh'n, mit aller Pein
der Ungeduld: im Angesicht zu seyn,
in Eile stolperte; und jeder Sinn
nimmt seine Zuflucht zu dem Sinne hin,
des Schönen Schönstes sehend zu empfinden.
Mir schien's, in seinen beiden Augen stünden
so eingeschlossen seine Sinnen all',
wie man Juwelen fasset in Krystall,
damit ein Fürst sie kaufe, der den Werth,
um dessentwillen sie gefaßt, verehrt;
und wie ihr nun dabei vorüber eilt,
den Auftrag sie zu kaufen, euch ertheilt.
Der Rand an seinem Angesicht citirt
solch Staunen 9) daß ein jedes Auge spürt,
Bewunderung bezaubre seinen Blick.
Ich geb' euch Aquitanien zurück,

und alles was er hat; gebt ihr um meinetwillen
ihm einen Kuß der Liebe nur im Stillen.

Prinzessin.

Auf und in's Zelt! Boyet ist aufgelegt —

Boyet.

Das auszusprechen, was sein Aug' entdeckt!
Ich schuf aus seinen Augen einen Mund,
und dessen Zunge macht euch keine Lügen kund.

Rosalina.

Ihr sprecht wie alte Kuppler, kunstgerecht.

Maria.

Ihr seyd Kupido's Großpapa und sprecht,
was er euch Neues lehrte.

Rosalina.

Ei, dann glich
ja Venus ihrer Mutter sicherlich!
denn gräßlich war ihr Vater.

Boyet.

Hört ihr nicht,
ihr tollen Dirnen?

Maria.

Nein!

Boyet.

Seht ihr auch nicht?

Rosalina.

Ja wohl, den Weg, den sich nun jeder packt!

Boyet.

Zu unbarmherzig habt ihr mich gezwackt.

Alle gehen ab.

Dritter Aufzug.

Erste Scene.

Ein anderer Theil des Parks.

Armado und Motte treten auf.

Armado. Trillre, mein Kind, errege mir mit Leidenschaft den Sinn des Gehör's.

Motte, singt. 10)

Armado. Lieblicher Gesang. — Geh, Zartheit von Jahren; nimm diesen Schlüssel, bringe dem Schäfer seine Befreiung, und führe ihn schnell hieher. Ich muß ihm ein Schreiben an meine Geliebte übertragen.

Motte. Herr, wollt ihr eure Liebe durch einen französischen Schlachttanz gewinnen?

Armado. Wie meinst du das? französisch schlachten? 11)

Motte. Nein, mein vollendeter Herr; aber ein Liedchen mit dem Zungenende abtanzen, lustig dazu mit den Füßen arbeiten, gefällig eure Augenlieder dazu empor heben; eine Note seufzen, und eine Note singen; zuweilen durch die Gurgel, als ob ihr die Liebe verschlängt, indem ihr von Liebe singt; zuweilen auch durch die Nase, als ob ihr die Liebe schnupftet, indem ihr Liebe wittert; euer Hut, wie ein Wetterdach über dem Gewölbe eures Auges, eure Arme kreutzweise über eure dünne Bauchweste verschränkt, wie ein Kaniencheu am Bratspieß, oder eure Hand in der Tasche, wie ein Mann auf einem alten Gemälde, 12) und dann nicht lange sich bei einer Weise aufhalten, sondern nur einen Schnitt und dann fort; das sind Vollkommenheiten; das sind Launen; dadurch werden bedenkliche Mädchen betrogen, — die auch ohne dieselben sich betrügen lassen würden; — das macht diejenigen zu Leuten von Bedeutung — hört ihr's, Leute? — welche dazu die meiste Neigung haben.

Armado. Wie hast du diese Erfahrung erlangt?

Motte. Durch meinen Pfennig von Beobachtung. 13)

Armado. Doch O! — doch O! —

Motte. — Das Steckenpferd ist nur vergessen! 14)

Armado. Nennst du meine Geliebte ein Steckenpferd?

Motte. Nein, Herr, ein Steckenpferd ist nur ein junger Hengst; eure Geliebte aber vielleicht ein Miethpferd. Aber habt ihr eure Liebe vergessen?

Armado. Beinah hab' ich es.

Motte. Nachlässiger Student! Lernt sie mit dem Herzen kennen.

Armado. Mit dem Herzen, und im Herzen, Knabe.

Motte. Und von Herzen, Herr, alles dreies will ich darthun.

Armado. Was willst du darthun?

Motte. Einen Mann, wenn ich leben bleibe, und dieß mit, im und von dem Augenblick. Mit dem Herzen liebt ihr sie, weil euer Herz nicht zu ihr kommen kann; im Herzen liebt ihr sie, weil euer Herz in sie verliebt ist; und von Herzen liebt ihr sie, weil ihr von allem Muth entblößt seyd, daß ihr sie nicht genießen könnt.

Armado. Das alles dreies ist bei mir der Fall.

Motte. Und noch dreimal mehr, und dennoch durchaus nichts.

Armado. Schaffe mir den Schäfer her, er muß mir meinen Brief besorgen.

Motte. Eine recht sympathetische Botschaft; das Pferd ein Gesandter des Esels.

Armado. Wie, wie? was sagst du?

Motte. Ei, Herr, ihr müßt den Esel auf's Pferd setzen, denn er ist sehr schwach auf den Füßen. Allein ich gehe!

Armado. Der Weg ist nur kurz! Fort!

Motte. So geschwind wie Blei, Herr!

Armado. Deine Meinung, artiges Genie!
Ist Blei nicht schwer und träg', ein langsames Metall?

Motte.

Nein, edler Herr, und besser, Herr, auf keinen Fall!

Armado.

Ich sage, Blei ist träge!

Motte.

Dann sprecht ihr zu vorschnell, überall.
Ist Blei wohl träge, vom Geschütz gefeuert?

Armado.

Du süßer Duft der Redekunst.
Kanone nennt er mich, und sich die Kugel; ich brenne dich auf den Schäfer ab!

Motte.

So schlagt denn nur an, und ich renne!

Er geht ab.

Armado.

Ein höchst scharfsinniger Jüngling; in Anmuth gewandt, und voll Leben! —

In's Antlitz muß ich dir seufzen! magst's, milder Himmel, vergeben!
Höchst rohe Melancholie, dir muß sich der Muth selbst ergeben.
Da kehrt ja mein Herold zurück.

Motte kommt zurück mit Dickkopf.

Motte.

Ein Wunder, Herr, ein Dickkopf hat sich das Schienlein zerbrochen.

Armado.

Das ist ein Aenigma, ein Räthsel, nur dein l'envoy ausgesprochen!

Dickkopf. Kein Igma, kein Räthsel, kein l'envoy; keine Salbe hab' ich im Schnappsack, Herr. 15) O Herr, Wegerich, bloßen Wegerich, kein l'envoy, kein l'envoy, keine Salbe, Herr, nur Wegerich.

Armado. Bei Gott, du zwingst mich zum Lachen! Dein alberner Gedanke, meine Milzsucht, das Heben meiner Lunge reitzt mich zu einem abgeschmackten Lächeln. O, vergebt mir, meine Gestirne. Dieser gedankenlose Mensch glaubt, Salbe sey l'envoy, und das Wort l'envoy sey Salbe!

Motte. Denken weise Leute etwas anders? Ist nicht l'envoy eine Salbe?

Armado.

Nein, Knab'; ein Epilog, ein Spruch ist's, klar
zu machen, was vorher noch dunkel war.
Ich will ein Beispiel geben:

Der Fuchs, der Affe und die Humm'l dabei,
die leben stets im Streit, sind's gleich nur ihrer drei.

Motte.

Bis daß die Gans zum Thor heraus spazierte,
und ihr Gezänk beendet, als die Vierte.

Nun will ich 'ne Moral anfangen, und ihr sollt mit eurem l'envoy folgen.

Der Fuchs, der Affe und die Humm'l dabei,
die leben stets im Streit, sind's gleich nur ihrer drei.

Armado.

Bis daß die Gans zum Thor hinaus spazierte,
und ihr Gezänk' beendet', als die Vierte.

Motte. Ein gutes l'envoy, das mit einer Gans endet. Begehrt ihr mehr?

Dickkopf.

Der Knabe schloß ihm den Handel; ein Gänslein ist
ja nur schlecht.
Herr, ist das Gänslein nur fett, so ist auch der
Preis schon gerecht.

Gut abzuschließen den Handel ist so verschmitzt als betrüglich.
Ei, ford'r ich ein fettes l'envoy, zeigt ihr ein fett Gänschen mir klüglich.

Armado.

Komm! komm! Wie kamen wir zu diesem Schluß?

Motte.

Ich sagt', ein Dickkopf brach sich seinen Fuß.
Dann kamt ihr auf's l'envoy.

Dickkopf.

Ganz richtig, und ich auf den Wegerich, so kam der Schluß heraus;
dann das fette l'envoy des Knaben, die Gans, die ihr erhandelt,
und er beschloß den Markt.

Armado. Aber sage mir, wie kam ein Dickkopf ein Schienbein brechen?

Motte. Das will ich euch recht fühlbar sagen.

Dickkopf. Du hast kein Gefühl davon, Motte, das l'envoy will ich sagen.

Ich, Dickkopf, drinnen heil, ich rann hinaus,
fiel auf der Schwell', und renkt' das Bein mir aus.

Armado. Wir wollen nicht mehr von dieser Materie sprechen.

Dickkopf. Bis mehr Materie im Schienbein seyn wird.

Armado. Bursche, Dickkopf! Ich will dich frank und frei machen.

Dickkopf. O, — mich an einen Franken verheirathen! — Ich wittre wieder irgend ein l'envoy, irgend eine Gans dabei.

Armado. Bei meiner holden Seele, ich meine dich in Freiheit zu setzen. Du warst vermauert, eingesperrt, verhaftet, gefesselt.

Dickkopf. Das ist wahr! das ist wahr! und nun wollt ihr meine Purganz seyn und mich loslassen.

Armado. Ich gebe dir deine Freiheit, entlasse dich der Haft, und lege dir an dessen Statt nichts auf, als dieß: Bringe dieses Wichtige dem Landmädchen Jaquenette; da hast du eine Remuneration. Er giebt ihm Geld. Denn der beste Schutz meiner Ehre ist, meine Leute zu belohnen. Motte, folge mir.

Er geht ab.

Motte. Wie eine Schlußfolge. 16) Signor Dickkopf, adieu!

Dickkopf. Du holde Unze Männerfleisch, leichtfert'ger Edelstein.

Motte geht ab.

Nun will ich aber doch einmal nach seiner Remuneration sehen. Remuneration! Aha! das ist das lateinische Wort für sechs Kupferpfennige. Remuneration! Was ist der Werth dieses Zwirnbandes? Acht Pfennige! Nein, ich will euch eine Remuneration geben. — Das ist das Band werth! — Remuneration! Ei ja, das ist ein schönerer Name, als eine französische Krone. Ich will nie wieder kaufen und verkaufen ohne dieß Wort.

Biron tritt auf.

Biron. O mein guter Schelm Dickkopf! Ausnehmend wohl getroffen.

Dickkopf. Ich bitt' euch, Herr, sagt mir doch, wie viel fleischfarben Band kann man wohl für eine Remuneration kaufen?

Biron. Was ist das: Remuneration?

Dickkopf. Ei, Herr, zwei Kupferdreier.

Biron. O, dann für sechspfennigswerth Seide!

Dickkopf. Ich danke eurer Herrlichkeit. Gott sey mit euch!

Biron.

O weile, Schelm, ich muß dich noch gebrauchen.
Begehrst du meine Gunst, mein guter Schelm,
so richte für mich aus, warum ich bitte.

Dickkopf. Wenn wollt ihr, daß ich's thue.

Biron. O, heut Nachmittag.

Dickkopf. Recht wohl, ich richt' es aus, Herr, und lebt wohl.

Biron. Du weißt ja noch nicht, was es ist.

Dickkopf. O, das werde ich schon wissen, wenns geschehn ist.

Biron. Ei, Schuft, das mußt du vorher wissen.

Dickkopf. Ich werde morgen früh zu eurer Herrlichkeit kommen.

Biron. Es muß noch heute Nachmittag geschehn. Höre, Schelm, es ist nichts weiter als dieß:

Die Fürstin kommt heut in den Park zur Jagd;
ein schönes Fräulein ist in dem Gefolge;
wenn Zungen lieblich sprechen, nennen sie
des Fräuleins Namen; Rosaline nennt
man sie; erfrage sie und sorge mir,
daß ihrer weißen Hand der Rath, der hier
verschlossen ist, empfohlen werde. Geh,
hier die Vergeltung.

Er giebt ihm Geld.

Dickkopf. Vergeltung! — O liebliche Vergeltung! besser, als Remuneration; um sechs Dreier besser. Sehr liebliche Vergeltung! — Ich will's augenblicklich thun, Herr! — Vergeltung! Remuneration!

Er geht ab.

Biron. O, — Ich! Fürwahr, verliebt!
ich, der sogar der Liebe Geißel war;
ein wahrer Amtsfrohn für schwermüth'ge Seufzer,
ein Kritiker, ein Polizeibeamter,
der nächtlich wacht; ein stolzer Schulmonarch
des Knaben, der großthu'ger ist, als je
ein Sterblicher. Der winselnde,
kurzsichtige, verweinte, trotz'ge Knabe!
der greise Jüngling, solch ein Riesenzwerg,
Don Kupido, Regent der Liebesreime;
Herr der Umarmungen; gesalbter König
der Seufzer und des Aechzens; Lehnsherr
der Müssiggänger und der Unzufriednen;
der Unterröcke drohn der Fürst; der König
der Hosenschlitze; der Alleingebieter
und große General der trabenden
Citirer; 17) — O, mein kleines Herz! — und ich
ein Adjudant in seinem Kriegesheer,
muß seine Farbe tragen, wie der Reifen
die Farbe des Seiltänzers trägt! — 18) Wie? Ich?
Verliebt? — Ich werb' und such' ein Weib? — Ein Weib
dem deutschen Uhrwerk gleich? 19) bedürftig stets
der Besserung, und immer aus der Form;
nie richtig gehend; sie, ob Wächter gleich *)

*) Der Text lieset: being a watch, but being watch'd that it may still go right, watch heißt Taschenuhr und Wäch-

doch stets bewacht, damit sie richtig gehn.
Ja, was das Schlechteste von allem ist,
meineidig seyn, und unter Drei'n zu lieben
die schlechteste von Allen; voller Muthwill'n
mit blasser Wang' und sammtnen Augenbraun;
in ihrem Antlitz statt der Augen, zwei
Pechkugeln, und bei'm Himmel! — eine, die
die That verübt, wenn Argus ihr Verschnittner
und auch ihr Wächter wär'! — für diese seufz'
und wach' ich, für die bet' ich! — Immer zu!
dieß ist die Qual, die Kupido mir auflegt,
dieweil ich seine allgewaltige,
furchtbare, kleine Macht bisher verschmäht'!
Nun wohl! so will ich lieben, schreiben, seufzen,
will beten, werben, ächzen! — diesem Manne
gefällt die Dame, jenem eine Hanne.

Er geht ab.

---

ter. Der letzte Ausdruck mußte gewählt werden, wegen des darauf folgenden watch'd, und es dürfte dieß um so zulässiger seyn, als man die Uhr eine Wächterin der Zeit nennen kann.

Vierter Aufzug.

Erste Scene.

Ein anderer Theil des Parks.

Die Prinzessin, Rosaline, Maria, Katharina, Boyet, Herren, Gefolge und ein Förster treten auf.

Prinzessin.

War das der König, der so ungestüm
sein Pferd anspornte auf den jähen Abgrund
des hohen Hügels?

Boyet.

Sicher weiß ich's nicht,
doch denk' ich, er war's nicht.

Prinzessin.

Wer's immer war,
er zeigt ein hochaufstrebendes Gemüth.
Heut, edle Herren, fertigt man uns ab,
und Sammstag kehren wir zurück nach Frankreich.

Nun, guter Förster, wo ist das Gebüsch,
in dem wir jetzt den Mörder spielen sollen?

Förster.

Nicht weit von hier, an jenes Busches Rand,
ein Stand, der euch den schönsten Schuß gewährt.

Prinzessin.

Ich dank' es meiner Schönheit, ich, der Schütz,
bin schön, und deshalb sprichst du Freund mit Witz:
der schönste Schuß.

Förster.

Bitt' um Vergebung, nein!
Prinzessin, diese Meinung war nicht mein.

Prinzessin.

Wie? wie? Erst lobst du mich, dann wieder nicht?
O schnell verblühter Stolz! Ist mein Gesicht
nicht schön? O weh!

Förster.

Ja, schön, Prinzeß!

Prinzessin.

Nein, nein!
Ich will von dir jetzt nicht geschminkt erst seyn.
Nie bessert Lob ein garstig Angesicht.
Mein guter Spiegel! Du, der Wahrheit spricht,

nimm dieß, Sie giebt ihm Geld. denn Lohn für garst'ge Wort' ist mehr,
denn Pflicht befiehlt.

Förster.

Schön ist ja alles das,
was euch gehört.

Prinzessin.

O seht nur, sehet, was
Verdienst vermag! — Gerettet ist auf's neu
die Schönheit mir! — O, dieser Ketzerei
im Schönen! recht anpassend unsrer Zeit;
der Hand, die giebt, wird hohes Lob geweiht,
so garstig sie auch ist. — Doch her den Bogen!
Erbarmen ist zum Tödten ausgezogen;
so wird der gute Schuß bald schlecht geheißen.
Damit kein Schuß den Ruf mir zu entreißen
vermöge, will ich so ihn retten mir:
Verwund' ich nicht, so hat das Mitleid hier
allein die Schuld, daß es nicht zugegeben;
verwund' ich, so geschah's nur im Bestreben,
zu zeigen meine Kunst, die nicht gemeint
zu tödten, mehr nach Ruhm begierig scheint,
als wie mit Absicht handelt. — Ohne Zweifel
geschieht das oft; zu Handlungen der Teufel
verführt der Ruhm. Wenn wir dem Ruhm allein,
wenn wir dem Lob' und äußerlichem Schein,

das ganze Wirken unsres Herzens weihn.
So ich! um Lobes willen such' ich nun
des armen Wildes Blut, dem leid zu thun,
mein Herz nie Arges meint.

Boyet.

Erhalten nicht
grausame Frau'n ihr herrschendes Gewicht
auch nur des Lobes wegen, wenn sie streben
als Herrn, ob ihrer Herrn sich zu erheben?

Prinzessin.

Nur für das Lob; und Lob ziemt, wie mich dünkt,
jedweder Frau, die ihren Herrn bezwingt.

Dickkopf tritt auf.

Hier kommt ein Mitglied jener Republik. 20)

Dickkopf. Gott schenk' euch einen guten Abend! Ich bitt' euch, welches ist denn hier die Hauptdame?

Prinzessin. Die solltest du unter den übrigen erkennen, mein Freund, die kein Haupt haben.

Dickkopf. Welches ist denn die größte Dame; die höchste?

Prinzessin. Die dickste und die schlankste!

Dickkopf. Die dickste und die schlankste, so ist es, wahr ist wahr! Wär' euer Bauch so schmal, wie mein Verstand, so wären die Gürtel von einem der Mädchen für euren Bauch zu begehren. Ihr seyd die erste wohl? Ihr seyd die dickste hier.

Prinzessin.

Was wollt ihr, Herr, was wollt ihr?

Dickkopf.

Ich hab' hier einen Brief an Fräulein Rosaline
vom Herren Biron.

Prinzessin.

Her den Brief! Ich diene
dem Freunde gern. Mein guter Träger, geht
nur jetzt bei Seite. — Boyet, ihr versteht
ja das Zerlegen, schneidet den Kapaun
uns vor!

Boyet.

Euch dienen, ist mir Pflicht! — doch traun!
der Brief ging irr', ist keinem hier gehörig;
er ist an Jaquenette.

Prinzessin.

Dennoch, schwör' ich:
er soll gelesen werden jedenfalls!
hört alle auf, brecht nur dem Wachs den Hals.

Boyet, liefet. „Bei'm Himmel! daß du schön bist, ist höchst untrüglich! Wahr, daß du lieblich bist! die Wahrheit selbst, daß du liebenswürdig bist. Schöner, als schön, lieblicher, als lieblich, wahrer, als die Wahrheit selbst, erbarme dich deines heroischen Vasallen! Der großherzige und höchst ruhmwürdige König Kophetua warf ein Auge auf die verderbliche und unzweifelhafte Bettlerin Zenelophon, und er war's, der mit Recht sagen konnte: veni, vidi, vici, was, um es dem Pöbel zu anatomiren — (o niedriger und unbekannter Pöbel!) — so viel heißt, als: ich kam, ich sah, ich siegte! Wer kam? der König! Warum kam er? um zu sehen! Warum sah er? zu überwinden! Zu wem kam er? zur Bettlerin! Was sah er? die Bettlerin! Wen überwand er? die Bettlerin! Der Beschluß war ein Sieg. Auf wessen Seite? Auf des Königs. Die Gefangne wird reich! Auf wessen Seite? Auf Seiten der Bettlerin. Die Katastrophe ist eine Heirath! Auf wessen Seite? des Königs? Nein! auf beider in einer, oder auf einer in beiden. Ich bin der König! denn so steht die Vergleichung! Du, die Bettlerin; denn das bezeuget deine Niedrigkeit. — Soll ich dir Liebe gebieten? Ich könnt' es! Soll ich Liebe von dir erzwingen? Ich vermöcht' es! Soll ich deine Liebe erflehen? Ich will's! Was wirst du für Lumpen eintauschen? Staatskleider! Für Titelchen? Titel! Für dich selbst? mich! So, in Erwartung deiner Erwiederung profanir' ich meine

Lippen auf deinen Füßen, mein Auge, auf deinem Bilde, und mein Herz auf jedem deiner Glieder. Der Deinige im theuersten Vorsatz der Beflissenheit. Don Armado de Armado."

So hörst du den nemä'schen Löwen brüllen,
du armes Lamm, das, seine Beute, fiel;
ergieb demüthig dich des Fürsten Willen,
so nutzt er, statt zur Nahrung, dich zum Spiel.
Allein was bist du sträubend, arme Seele?
die Nahrung seiner Wuth; ein Gastmahl seiner Höhle.

Prinzessin.

Von welcherlei Gefieder ist der Kiel
des Mannes, der solch einen Brief ersann?
Welch eine Fahne, welch ein Wetterhahn.
Vernahmt ihr je was Bess'res?

Boyet.

Dieser Styl
ist mir erinnerlich, bedenk' ich's recht.

Prinzessin.

Sonst seyd ihr an Erinn'rung herzlich schlecht,
denn eben überlaset ihr ihn ja.

Boyet.

Armado ist ein Spanier, der da
am Hofe lebet, ein Phantast, ein Geck. 21)

Er wirft dem König zum Gespött sich weg,
und seinen Buchgenossen.

Prinzessin.

Freund, sag' an,
wer gab dir diesen Brief?

Dickkopf.

Je nun, ein Mann.

Prinzessin.

Wem solltest du ihn geben?

Dickkopf.

Einer Dame
vom Herrn.

Prinzessin.

Von welchem Herrn; an welche Dame?

Dickkopf.

Von einem Herrn, dem ich mit Freuden diene,
der fränk'schen Dame, Namens Rosaline.

Prinzessin.

Du hast den Brief vertauscht. Ihr Herren, kommt!
Hier, Liebe, heb' es auf, bis es dereinst dir frommt.

Die Prinzessin geht ab mit ihrem Gefolge.

Boyet.

Wo ist der Schütz'? wo ist der Schütz'?

Rosaline.

Lehr' ich euch, wie ihr ihn spürt?

Boyet.

Ja, Inhalt *) aller Schönheit!

Rosaline.

Nun, die den Bogen führt, gar artig abgeführt.

Boyet.

Die Fürstin geht Hörner erlegen, wenn ihr euch aber vermahlt,
so laß ich mich hängen, wenn's an Hörnern jemals fehlt,
gar artig angeführt.

Rosaline.

Nun wohl denn! ich bin der Schütz'.

Boyet.

Und wer ist euer Thier?

Rosaline.

Nach euren Hörnern zu achten, ihr selbst, kommt nicht näher mir!
Gar artig angelegt, wahrhaftig.

---

*) my continent, festes Land.

Maria.

Stets zankt ihr Boyet mit ihr, und sie trifft euch
die Stirne.

Boyet.

Auch sie ward getroffen, nur tiefer! Wie? traf ich
nun die Dirne?

Rosaline. Soll ich mit einer alten Sage über euch kommen. Es war einmal ein Mann, als König Pipin von Frankreich, noch ein kleiner Knabe *) war; das, in Betreff des Treffens? —

Boyet. Dann vermag ich euch mit einer eben so alten zu erwiedern: Es war einmal ein Weib, als Königin Guinevra von Britannien eine kleine Dirne war; das, in Betreff des Treffens. 22)

Rosaline, singt.

Du kannst's nicht treffen, treffen, treffen!
Du kannst's nicht treffen, guter Mann!

Boyet.

Wenn ich's nicht kann, nicht kann, nicht kann;
wenn ich nicht, kann's ein andrer Mann.

Rosaline und Katharine gehen ab.

---

*) a little boy, ein kleiner Knabe; Anspielung auf Boyets Name.

Dickkopf.

Höchst lustig, meiner Treu, die gaben sich's beide tüchtig!

Maria.

Das Ziel war wunderschön getroffen, sie trafen's beide richtig.

Boyet.

Das Ziel, o merkt das Ziel! Das Ziel, sagt die Dame gar kläglich,
Gebt ihr den Pfeil hinein, es auszumessen, wo möglich!

Maria.

Weit ab vom Ziele, wahrhaftig! Ihr seyd darüber schon weg.

Dickkopf.

Ja, näher muß er schießen, sonst kommt er nimmer zum Zweck.

Boyet.

Bin ich darüber schon weg, so seyd ihr g'rade wohl drinnen?

Dickkopf.

Dann wird sie den Nagel spalten und so den Preis sich gewinnen.

Maria.

Geht, geht! wie garstig ihr sprecht. Die Lippen werden beschmutzt.

Dickkopf.

Nun fordert sie anders, Herr; jetzt eure Kugeln benutzt.
Für euch ist die zu hart, mit eurem Pfeile.

Boyet.

Ich fürchte zu starkes Reiben. Leb wohl, meine treffliche Eule!

Boyet und Maria gehen ab.

Dickkopf.

Bei meiner Seel', ein Hirt', ein höchst einfältiger Lümmel!
Wie doch die Damen und ich ihn niederwarfen! O Himmel!
Das ist der vortrefflichste Spaß, leichtfertig gemeinste Witz,
der glatt herbeiströmt, so schlüpfrig, so passend und schnell wie der Blitz.
Auf einer Seite Armado! O welch ein höchst zärtlicher Mann!
Ihn gehn zu sehn vor einer Dame, von der er den Fächer gewann,
zu sehn, wie die Hand er ihr küßt, wie hold er schwören ihr will —

und auf der anderen, sein Page, die Hand voll
Witzesgeruß.
O Himmel, was ist das doch für eine pathetische Nuß. *)
Holla! Holla!

Man hört außerhalb der Bühne schießen. Dickkopf läuft davon.

Zweite Scene.

Ein andrer Theil des Parks.

Holofernes, 23) Nathanael und Stock treten auf.

Nathanael. Eine recht ehrwürdige Ergötzung, und vollzogen mit dem Zeugnisse eines guten Gewissens.

Holofernes. Das Wild war, wie ihr wisset, sanguis, in Blut; reif wie eine Wassermelone, die jetzt wie ein Juwel im Ohre hängt des coeli, der Atmosphäre, des Firmaments, des Himmels, und nun wie ein Holzapfel, auf's Angesicht der terra, des Bodens, des Landes, der Erde fällt.

Nathanael. Wahrlich, Mester Holofernes.

---

*) Nit, Niß, die man auch Nuß nennt.

Die Beiwörter sind gar schön variirt, wenigstens wie ein Gelehrter. Aber, Herr, ich versich're euch, es war ein fünfjähriger Rehbock.

Hol. Herr Nathanael, haud credo. [24]

Stock. Es war kein haud credo, es war ein Spießer. [25]

Hol. Höchst barbarische Andeutung; doch eine Art von Insinuation, gewissermaßen in via, auf dem Wege der Explication facere; [26] gewissermaßen eine Replikation, oder besser ostentare, zur Schau ausstellen, seine Inclination, nach seiner rohen, unpolirten, ungezognen, unbeschnittenen, ununterrichteten, oder besser, ungelehrten, oder am besten, unbefestigten Weise, um mein haud credo für ein Wildpret einzuschalten.

Stock. Ich sagte: das Wildprett war kein haud credo; es war ein Spießer.

Hol. Zwiefach gesottne Einfalt! bis coctus. [27] O du Ungeheuer von Unwissenheit! wie mißgestaltet siehst du aus!

Nath. Herr, er hat sich nie von den Leckerbissen genährt, welche in Büchern entstanden sind. Er hat kein Papier gleichsam gegessen; er hat keine Dinte getrunken; sein Verstand ist noch nicht angefüllt; er ist nur ein Thier, nur in seinen gröberen Anlagen empfindlich.

Und solche dürre Pflanzen sind da, damit wir dankbar empfinden,
die wir als Menschen uns von Geschmack und Gefühle verkünden,
daß diese Gaben in uns fruchtreicher sind, als in jenen.
Denn wie es mir übel geziemte, der Eitelkeit hier zu fröhnen,
und unbescheiden zu seyn und ein Narr; so wär' es ein Flicken
für die Gelehrsamkeit, ihn in die Schule zu schicken.
Doch, omne bene, sag' ich, wie ein alter Kirchenvater gesinnt;
so mancher erträgt das Wetter, der nicht aussteht den Wind.

Stock.

Ihr beide seyd Büchermänner! Kann euer Witz es ergründen:
was einen Monat schon alt, bei Kains Geburt war zu finden,
und was doch jetzt noch nicht fünf Wochen alt ist?

Hol. Dictynna, mein guter Mann Stock; Dictynna, mein guter Mann Stock.

Stock. Was ist Dictynna?

Nath. Ein Titel der Phöbe, der Luna, des Monds.

Holofernes.

Der Mond war einen Monat alt, als Adam nicht mehr war,
und keine fünf Wochen erreicht' er mit 5mal 20 Jahr.
Die Allusion hält auch bei'm Wechsel aus.

Stock. Das ist wahrhaftig so, die Kollusion hält auch im Wechsel aus.

Hol. Gott erbarme sich deiner Fähigkeiten. Ich sage, die Allusion hält auch bei'm Wechsel aus.

Stock. Und ich sage, die Pollution hält auch im Wechsel aus; denn der Mond ist niemals älter, als einen Monat, und außerdem sage ich, daß es ein Spießer war, den die Prinzessin erlegte.

Hol. Herr Nathanael, wollt ihr eine Grabschrift aus dem Stegreife auf den Tod des Wildes hören? und um den Ignoranten zu belustigen, habe ich das Wild, welches die Prinzessin erlegte, einen Spießer genannt.

Nath. Perge, 28) guter Mester Holofernes; perge, wenn es euch gefällt, der Possenreißerei ein Ende zu machen. Ich will die Worte eines Verses mit einem Buchstaben anfangen; denn das beweiset eine Gewandheit.

Den schönsten Spießer schoß und spießte die Prinzeß.
Zwar sagen einige, vier Jahr schon war er alt;

Die Hunde heulten laut; nehm' ich ein Jahr indeß
noch weg, so springt ein Hirsch von Dreien aus
dem Wald.
Ob's nun ein Spießer ist, ein Hirsch von Drei und
Vieren,
das gilt uns völlig gleich, das Volk will jubiliren!
Zu drei noch eins macht vier, auch ein und dreißig und
auch dreizehn, wie man's fügt, der Hirsch ist todt
und wund. 29)

Nath. Ein seltenes Talent.

Stock. Wenn ein Krallent eine Klaue ist, 30) so seht nur einmal, wie er sich mit dem Krallent kratzt.

Hol. Das ist eine meiner Gaben; ganz einfach, ganz einfach! Ein närrischer, ausgelassener Geist, voller Formen, Figuren, Bildungen, Gegenstände, Ideen, Apprehensionen, Motionen, Revolutionen. Sie werden erzeugt in der Herzkammer des Gedächtnisses; im Leibe der pia mater 31) genährt und mit der Reife der Gelegenheit geboren. Aber die Gabe ist herrlich in denen, in welchen sie kräftig ist, und ich bin dankbar dafür.

Nath. Herr, ich preise Gott um eurentwillen, und das mögen auch meine Kirchkinder thun, denn ihre Söhne haben einen guten Lehrer an euch, und ihre Töchter haben großen Vortheil unter euch. Ihr seyd ein treffliches Mitglied des Gemeinwesens.

Hol. Mehercule! 32) Wenn ihre Söhne Genie haben, so soll es ihnen an Instructon nicht fehlen; und wenn ihre Töchter empfänglich sind, so will ich ihnen schon zu schaffen machen. Allein, vir sapit, qui pauca loquitur. 33) Hier grüßt uns eine weibliche Seele.

Jaquenette und Dickkopf treten auf.

Jaq. Gott schenk' euch einen guten Morgen, Herr Pfarrer!

Hol. Herr Pfarrer! — gleichsam Bohrer! — Und wenn hier einer gebohrt werden sollte, wer wäre das?

Dickkopf. Wahrhaftig, Mester Schulmeister, der, welcher einem Orthof am ähnlichsten sieht. 34)

Hol. Ein Orthof anbohren! Ein guter Schimmer von Einfall bei einem Rasen von Erde. Feuer genug für einen Feuerstein; Perl' genug für ein Schwein. Es ist artig! es ist schön!

Jaq. Guter Herr Pfarrer, seyd doch so gut, und leset mir einmal diesen Brief. Dickkopf hat ihn mir gegeben, und Don Armado hat ihn mir gesendet. Ich bitt' euch, leset ihn doch.

Hol. Fauste, precor, gelida quando pecus omne sub umbra ruminat, 35) und so weiter! — Ach guter alter Mantuaner! Ich kann von dir sprechen, wie der Reisende von Venedig.

Vinegia, Vinegia.
chi non te vede, ei non te pregia. 36)

Alter Mantuaner! Alter Mantuaner! Wer dich nicht versteht, der liebt dich nicht — ut re sol la mi fa *) — Um Vergebung, Herr, was ist der Inhalt, oder besser, wie Horaz in seinen Werken sagt: Was? Meiner Seel! Verse?

Nath. Freilich, Herr, und sehr gelehrt.

Hol. Laßt mich eine Sprosse, eine Stanze, einen Vers hören, lege, Domine. 37)

Nathanael, lieset.

„Brach Liebe meinen Schwur, wie kann ich Liebe schwören?
Ach, Treu' ist nimmer fest, die Schönheit nicht erzeugt!
Meineidig gegen mich, will ich dir treu gehören;
und der Gedank' in mir, fest wie die Eiche, beugt,
gleich Weidenreiß, sich dir. Die Blätter, dir geneigt, **)
erwäge sie genau! dein Auge sey sein Buch.
Wo alle Wonne lebt, da faßt die Kunst sehr leicht.
Ist Kenntniß aller Zweck; — dich kennen, ist genug!

---

*) Italienische Bezeichnung der Töne. Wahrscheinlich wie Vinegia ein Seitenhieb auf Florio.

**) Man erinnere sich bei den folgenden Versen, daß Biron einer der verschwornen Gelehrten ist.

Die Zunge, die dich preißt, die ist gelehrt zu nennen!
der Geist unwissend ganz, der staunenslos dich sieht.
— das ist ihm ein'ger Ruhm, daß es in dir erkennen
all' deine Gaben kann, mein staunendes Gemüth.
Dein Auge trägt den Blitz des Zeus; die Stimme gleicht
dem droh'nden Donner, die zum Zürnen nicht geneigt,
Musik dem Ohre wird, und eine süße Glut.
O Liebe! Himmlische, vergieb dem Frevelmuth,
der, mit der Zauberei von deiner Huld durchdrungen,
mit ird'scher Zunge hier des Himmels Lob gesungen."

Hol. Ihr findet die Apostrophen nicht, und deshalb verfehlt ihr den Accent, laßt mich einmal das Canzonet überlaufen. Hier sind nur Verse abgesetzt, aber in Ansehung der Eleganz, der Gewandheit, des goldnen Flusses der Poesie; — caret! 38) — Ovidius Naso, das war der Mann! — und freilich in der That, Naso! — Was aber das Auswittern der duftenden Blumen der Fantasie betrifft; die Blitze der Erfindung? imitari 39) — ist nichts! das thut der Hund seinem Herrn und der Affe seinem Führer; das aufgeputzte Roß seinem Reiter. Aber Demoisell Jungfrau, war das an euch gerichtet?

Jaq. Freilich, Herr, von einem gewissen Herrn Biron, einem der Herren im Gefolge der fremden Königin. 40)

Hol. Ich will doch einen Blick auf die Ueberschrift werfen. „Der schneeweißen Hand des liebenswürdigsten Fräuleins Rosaline.“ Ich muß noch einmal auf den Verstand des Briefes sehen, in Betracht der Benennung des schreibenden Theils an die, an welche geschrieben wird:“ Eurer Herrlichkeit zu jedem gewünschten Dienste bereitwilliger Diener, Biron.“ Herr Nathaniel, dieser Biron ist einer von denen, welche mit dem Könige das Gelübde eingingen, und hier hat derselbe einen Brief an eine vom Gefolge der fremden Königin verfaßt, welches zufällig oder auf dem Wege der Progression in unrechte Hände gekommen ist. Tripple fort, und geh, mein Kind 41) übergieb dieses Papier der königlichen Hand seiner Majestät. Es kann viel auf sich haben. Verweile nicht, um mir deine Artigkeit zu bezeugen. Ich erlasse dir diese Pflicht. Adieu!

Jaq. Guter Dickkopf, begleite mich. — Gott sey mit euch, Herr!

Dickkopf. Ich gehe mit dir, mein Schätzchen.

Beide gehen ab.

Nath. Herr, das habt ihr in der Furcht Gottes gethan. Recht gottesfürchtig, und wie ein gewisser Kirchenvater sagt. —

Hol. Herr, sagt mir nichts von Kirchenvätern; ich scheue die gefärbten Farben. 42) Doch auf die

Verse zurück zu kommen, gefielen sie euch, Herr Nathanael?

Nath. Außerordentlich gut, in Absicht der Feder.

Hol. Ich speise heute bei dem Vater einer meiner Schülerinnen, wo, wenn es euch gefällig seyn sollte, vor der Mahlzeit den Tisch mit einem Gratias zu erfreuen, ich durch das Vorrecht, welches ich bei den Eltern des vorgedachten Kindes, meiner Schülerin, habe, es unternehme, euer ben venuto 43) zu bewirken. Da will ich dann darthun, daß diese Verse sehr ungelehrt sind, und weder von der Poesie, dem Witz, noch von der Erfindung begünstigt sind. Ich bitte mir Gesellschaft zu leisten.

Nath. Und ich danke euch noch dazu; denn Gesellschaft, sagt der Text, ist das Glück des Lebens.

Hol. Und gewiß, der Text schließt ganz untrüglich. — Herr, Zu Stock. auch euch lad' ich ein; ihr sollt mir nicht Nein sagen! pauca verba! 44) Kommt! der Adel ist bei seinem Spiele, und wir wollen zu unsrer Erholung.

Alle gehen ab.

Dritte Scene.

Ein andrer Theil des Parks.

Biron. Der König jagt das Wild, ich jage mich selbst. Sie haben ein Netz aufgespannt; ich bin in eine Pechgrube eingenetzt. 45) Pech besudelt! — besudeln, ein garstiges Wort. Wohlan denn, laß dich nieder, Sorge! denn also, spricht man, sagte ein Narr, und so sag' auch ich, und ich bin ein Narr. Gut bewiesen, Witz! Bei Gott, diese Liebe ist so rasend, als Ajax. 46) Sie tödtet Schafe; sie tödtet mich, der ich ein Schaf bin. Wieder gut bewiesen von Seiten meiner. Ich mag nicht lieben! wenn ich's thue, so hänge man mich auf! Ich will nicht. — Ach, aber ihr Auge. — Beim Lichte der Sonne! um ihres Auges willen würde ich sie nicht lieben; aber um ihrer beiden Augen willen. Nun wohl! Ich thu' nichts in der Welt, als lügen, und lüg' in meinen Schlund hinein. — Beim Himmel, ich liebe, und das lehrte mich reimen und schwermüthig seyn, und hier ist ein Theil von meinen Reimen, und hier meine Schwermuth. Wohlan! eins meiner Sonnette hat sie bereits. Der Bauer trug es hin, der Narr sendete es ihr, und die Dame besitzt es. Holder Bauer! holderer Narr! holdeste Dame!

Bei aller Welt! ich wollte nichts darnach fragen, wenn die andren drei auch darin steckten. Hier kommt einer mit einem Papier! Gott gewähre ihm die Gnade zu seufzen.

Er steigt auf einen Baum. Der König tritt auf mit einem Papier in der Hand.

König. Ach!

Biron, für sich. Geschossen, bei'm Himmel! — Fahre fort! holder Kupido! Du hast ihn mit deinem Vogelbolzen unter der linken Brust getroffen. Meiner Treue! Geheimnisse!

König, lieset.

So lieblich küßt die goldne Sonne nicht
die frischen Morgentropfen von den Rosen,
als deines Auges Strahl beim heitren Licht
der Frühe von den Wangen weiß zu kosen
den Thau der Nacht. Der Silbermond scheint nicht
durch der durchsicht'gen Tiefe Busen, nimmer
halb so, als wie dein Antlitz giebet Licht,
und scheint durch meine Thränen. Seine Schimmer
erleuchten jede Thräne, die ich wein'.
Kein Tropfen, der dich nicht, als wie im Wagen
mit sich dahin führt; so in meiner Pein
fährst triumphirend du, in meinen Klagen!
Beachte nur die Thränenfluth in mir!
sie zeiget deinen Sieg in meinen Schmerzen.

Doch, liebe dich nicht selbst, sonst hältst du hier
für Spiegel meine Thränen, und vom Herzen
entströhmen sie dann stets, dich zu gewinnen!
Wie weit, du Königin der Königinnen,
all' übertriffst, kann kein Gedanke wagen
zu denken, kann der Mund des Sterblichen nicht
sagen.
Wie aber soll sie meinen Gram erkennen?
Hier liege nun, Papier! Ihr holden Blätter,
beschattet meine Thorheit! — Wer kommt dort?

Longaville tritt auf, mit einem Papiere in der Hand.

König, indem er in das Gebüsch schlüpft.

Wie? Longavill'? und lies't? merk auf, mein Ohr!

Biron, für sich.

Wahrscheinlich naht hier noch ein andrer Thor! —

Longaville. Ach, ich bin meineidig!

Biron, für sich. Ei, der kommt wie ein Meineidiger mit einer Schrift auf der Brust daher. 47)

König, vor sich. Verliebt; ich hoff's! Willkommen! meiner Schmach Genoß!

Biron, für sich. Ein Säufer läuft dem andern nach.

Longaville.

Bin ich der erste, der so brach den Schwur?

Biron, für sich.

Zu deinem Trost kenn' ich nicht zween nur.
Du machst das Triumphirat 48) den Eckhut der Genossen,
das Bild des Galgenstricks, der Liebe, den die Einfalt zu hängen beschlossen.

Longaville.

Ich sorge, diesen widerspenst'gen Zeilen
fehlt alle Kraft, um Rührung mitzutheilen.
O liebliche Maria. Du, die Kaiserin
von meinem Liebesstaate; dieser Vers' Unsinn
will ich zerreißen; schreiben nun in Prosa.

Biron, für sich.

O, Reime sind die Wächter ja der Hose
des lüsternen Kupido! Nicht entstelle
du seine Werkstatt. 49)

Longaville.

Dieses geht schon an!

Er lieset.

Hat denn nicht deines Blicks himmlischer Rhetorspruch,
— dem kein Beweisgrund je der Erde widerspricht;—
mein Herz verführt zu diesem Eidesbruch?
Ein Schwur, für dich verletzt, ist strafbar nicht!
Das Weib verschwor ich; doch, wohl will ich's zeigen:

dich, eine Göttin, dich verschwor ich nie!
Mein Schwur ist irdisch, du, dem Himmel eigen,
und deine Gunst heilt alle Ungunst hie.
Ein Schwur ist nur ein Hauch; — ein Dunst, der Hauch;
Du, holde Sonne, die auf meine Erde
herabscheint, du erzeugtest diesen auch,
den dunst'gen Schwur, du machst ihn zur Beschwerde.
Es ist nicht meine Schuld, wenn ich's gewagt
ihn zu verletzen, und geschah's auch, sagt:
Wenn wird ein Narr nicht weislich sich besinnen,
um Eidesbruch ein Eden zu gewinnen?

Biron, für sich

Das ist der Leber Sinn, der Fleisch zur Gottheit macht. 50)
Ein Gänslein, Gott! Der Götzendienst erwacht!
Gott bess'r' uns, die wir weit vom Wege abgewallt!

Dümain kommt mit einem Papiere in der Hand.

Longaville.

Durch wen send' ich ihr dieß? — Gesellschaft! Halt!

Er schlüpft auf die Seite.

Biron, für sich.

Versteck! Versteck! Ein Kinderspiel, schon alt!
Hier schau' ich, wie ein Gott im Wolkenhimmel,

der armen Narr'n geheimnißreich Getümmel!
Mehr Säcke zur Mühle. Mir ward zu meinem Wunsche der Schlüssel!
auch Dümon ist verwandelt! vier Schnepfen in einer Schüssel.

Dümain.

O göttlichste Katharina!

Biron, für sich.

O, weltlichster der Narrn!

Dümain.

Bei'm Himmel, du bist ein Wunder für jeden menschlichen Blick!

Biron, für sich.

Nein, bei der Erde, du lügst, sie ist ein ganz irdisches Stück!

Dümain.

Ihr Bernsteinhaar beschämt den Bernstein selber.

Biron.

Ein bernsteinfarbiger Rabe, war einst berühmt als noch gelber!

Dümain.

Wie eine Ceder schlank!

Biron, für sich.

Herab, wenn ich bitten mag!
denn, ihre Schulter ist schwanger.

Dumain.

So lieblich als der Tag!

Biron, für sich.

Wie mancher Tag, wann keine Sonne scheint.

Dumain.

O, hätt' ich meinen Wunsch!

Biron, für sich.

Und ich, den ich gemeint!

König, für sich.

Und ich den meinen! o, du großer Gott!

Biron, für sich.

Amen! so hätt' ich auch meinen! Ist das nicht ein herrlicher Spott?

Dumain.

Vergessen möcht' ich sie! Allein, in meinem Blut
ihr Name lebt und herrscht wie Fieberglut!

Biron, für sich.

Ein Fieber im Geblüt? Wohlan! schneid' auf,
und laß ihr — holder Irrthum! — freien Lauf.

Dümain.

Ich lese noch einmal das Lied, das ich ihr schrieb!

Biron, für sich.

Ich höre noch einmal, wie den Witz variiret die Lieb'!

Dümain, lieset

Jüngsthin sah, — O schöne Zeit! —
Liebe, — stets im Maienkleid, —
  eine Blüthe, wunderschön,
  von der üpp'gen Luft durchwehn.
Durch die sammtnen Blätter schlich
Zephyr ungesehen sich;
  daß die Lieb' in Todespein,
  Himmelsathem wünscht zu seyn.
Zephyr, sprach sie: weh' nur zu!
triumphirt' ich doch, wie du!
  Aber ach! nie zu entwenden
  sie, mit räuberischen Händen,
von dem Dorn, beschwor ich! Schwur!
ach, so wider die Natur!
  denn die Jugend ist geschickt,
  daß sie süße Blumen pflückt.
Nenn' es Sünde nicht in mir,
daß ich eidesbrüchig hier
  durch dich wurde! Müßte Zeus
  selbst doch schwören, dir zum Preis,

Juno sey nur immerhin
eine Aethioperin!
Selbst verläugnen würd' er sich;
und ein Sterblicher, für dich!

Dieß send' ich ihr; und noch was, das den Schmerz,
der treuen Liebe, klarer legt an's Herz.
O, daß der König, Biron, Longaville
doch auch empfänden dieser Liebe Fülle!
Die Schuld, die an der Schuld ein Beispiel hat,
verwischte dann des Meineids Flecken glatt
von meiner Stirn; denn keiner sündigt da,
wo jeder sich in gleichem Wahnsinn sah.

Longaville, indem er hervortritt.

Von Christenpflicht ist deine Liebe fern,
hast du im Liebesschmerz Genossen gern.
Erbleiche nur, erröthen würd' ich hier,
wär' ich belauscht und überrascht gleich dir!

König, indem er hervortritt.

Nun, Herr, erröthet! Euer Fall ist gleich!
Ihn schelten ist zwiefache Sünd' in euch.
Ihr liebt Maria niemals; Longavillen
fiel's Dichten niemals ein um ihrentwillen.
Er kreuzte die verschränkten Arme nicht
auf der verliebten Brust, um das Gewicht
des Herzens zu erdrücken. Hier versteckt

in dem Gebüsch, seyd ihr mir beid' entdeckt;
und für euch beid' erröthe ich vor Schaam.
Als ich die schuld'gen Reimerei'n vernahm,
bemerkt' ich jede eurer Aeußerungen,
sah eure Seufzer dampfen, euch durchdrungen
von Leidenschaft. Ach! — seufzte einer, und:
o Jupiter! so rief des andren Mund.
Der nannte golden seiner Dame Haar,
indeß Krystall der andren Auge war.

Zu Longavillen.

Um euch ein Paradies hier zu gewinnen,
kann Treu und Glauben immerhin zerrinnen;

Zu Dümain.

Und Jupiter muß brechen einen Eid,
wenn er die Jungfrau sieht, der ihr geweiht! —
Was wird nur Biron sagen, wenn er hört,
daß ihr den heiß beschwor'nen Eid zerstört?
Wie wird er spotten; seinen Witz verschwenden;
wie triumphiren, springen, lachend enden!
Um alle Schätze, die ich je gesehn,
nie möcht' ich so entlarvet vor ihm stehn.

Biron, indem er von dem Baum herabsteigt.

Die Heuchelei zu geißeln, vorgeschritten! —
Verzeihung muß ich, theurer Lehnsherr, bitten!
Mit welcher Gnade tadelt euer Herz,

so streng der armen Würmer Liebesschmerz,
da ihr vor allen seufzt in Liebessehnen?
Ihr macht die Augen nicht in euren Thränen
zu Wagen? Nein! auch keine Prinzessin
ist hier erschienen? Ein meineidger Sinn,
ganz fern von euch! Ihr haßt derlei Geschichten!
Pfui! nur dem Minnesänger ziemt das Dichten!
Doch, seyd ihr nicht beschämt, ihr drei Genossen,
daß ihr so weit vom Ziel vorbei geschossen?
Ihr fandet seinen Sonnenstaub; der König
sah' euren Sonnenstaub, und ich nicht wenig;
in jedem von euch dreien einen Strahl.
O, welch' ein Narrenspiel sah' ich einmal,
von Seufzern, Aechzen, Sorgen, und von Qual!
Wie saß ich mit so ängstlicher Geduld,
und sah, wie eine königliche Huld
zur Mücke sich verwandelt, 51) Mußte schauen
den großen Herkules die Nase hauen; 52)
und hören, wie der weise Salomo
ein Bauerntänzlein anstimmt; 53) sehen, o!
wie Nestor spielt um Nadeln mit den Knaben; 54)
wie Timon selbst, der Kritiker, begraben
sich lassen will vor Lachen über Tand! 55)
Wo liegt dein Gram, Dumain? wo fandest du,
du edler Longaville deine Pein?
und wo mein Lehnsherr? — in der Brust allein!
Ein Licht! —

König.

Halt' den zu bittren Spott zurück!
Sind wir verrathen deinem Ueberblick?

Biron.

Nicht ihr durch mich; nein! ihr verriethet mich!
mich, der ich ehrlich bin, der es zur Sünde sich
gemacht, den Eid zu brechen, den er schwor!
Ich bin verrathen, daß ich wie ein Thor
mit euch hier in Genossenschaft gewohnt,
so seltsam unbeständig, wie der Mond.
Wenn werdet ihr vernehmen, daß ich je
ein Ding in Reimen schrieb? daß ich vor Weh
nach einer Grethe seufzte? mich zu putzen
Minutenlange Zeit nur wollte nutzen?
Wenn jemals hören, daß ich eine Hand,
daß Fuß und Antlitz, Auge, Gang und Stand,
daß Stirn und Brust, und Taille, Lend' und Glied
jemals gepriesen?

König.

Nur gemach! entflieht
nicht gar zu schnell! Das ist ein Ehrenmann,
allein auch wohl ein Dieb, der so galoppen kann!

Biron.

Ich bin die Post der Liebe! Laßt mich gehn,
mein guter Liebesheld.

Jaquenette und Dickkopf treten auf.

Jaquenette.

Gott segn' euch schön!

König.

Was bringst du da?

Dickkopf.

Gewissen Hochverrath!

König.

Was hat der hier zu thun?

Dickkopf.

Nein, in der That!
der thut hier nichts.

König.

Nun, wenn er nichts verletzt,
so geht mit ihm in Frieden weiter jetzt.

Jaquenette.

Ich bitt' eure Hoheit recht sehr, den Brief hier lesen zu lassen.
Unser Pfarrer mißtraut ihm, und meint, mit Hochverrath sey nicht zu spaßen.

König.

Durchlies es, Biron.

Er giebt ihm den Brief.

Woher hast du es?

Jaquenette.

Von Dickkopf.

König.

Und woher bekamst du es?

Dickkopf.

Von Dun Armadu, Dun Armadu.

König.

Nun? was enthält's? Warum zerreißt ihr es?

Biron.

Ha, Kinderei, mein Lehnsherr, Kinderei.
Ihr dürft nicht fürchten, daß es schädlich sey.

Longaville.

Es bringt ihn außer sich! Laßt hören doch!

Dümain, indem er die Stücken auffammelt.

'S ist Birons Hand, und hier sein Name noch.

Biron.

Ha, tölpischer Hurensohn! geboren, mit Schmach mich zu nennen!
Für schuldig muß ich, mein Gebieter, für schuldig mich selber bekennen.

König.

Wozu?

Biron.

Daß ihr drei Thoren auch mein bedurftet zum völligen Handel.
Der da, und der, und ihr, mein Lehnsherr und ich,
sind Beutelschneider der Liebe, und werth, um solcherlei Wandel
des Todes. Entlaßt dieß Auditorium,
und dann erzähl' ich euch noch mehr darum.

Dümain.

Nun ist die Anzahl gleich.

Biron.

Wahr, wahr! wir sind ja viere.
Und werden diese Turteltauben geh'n?

König.

Fort Leute, fort!

Dickkopf.

Verräther läßt man stehn,
und will, daß treues Volk hinwegspaziere!

Dickkopf und Jaquenette gehen ab.

Biron.

Ihr holden Herrn, ihr süßen Liebesritter,
laßt uns umarmen! Ja, wir sind so treu
als Fleisch und Blut vermag! Nach dem Gewitter
verklärt der Himmel uns sein Antlitz neu;

die See verlangt nach ihrer Ebb' und Fluth,
und alter Vorschrift folgt kein junges Blut.
Was uns gezeugt, das war nicht zu besiegen,
drum mußten wir dem Meineid unterliegen.

König.

Verriethen diese hier zerriss'nen Zeilen,
auch etwa deine Liebe?

Biron.

Fragt ihr dann?
Wer kann bei Rosalinen wohl verweilen,
der Himmlischen, der, — gleich dem rohen Mann,
dem wilden Indier bei'm ersten Strahl
des Morgenglanzes — nicht danieder beugt
sein unterthänig Haupt; der, ohne Wahl
gehorsam seine Brust dem Staube neigt
und ihn geblendet küßt? Darf ohne Graun,
mit adlerscharfen Blicken, unerblindet,
Jemand zum Himmel ihrer Augen schaun,
der ihre hohe Majestät verkündet?

König.

Was für ein Eifer, welche Wuth entquillet
begeisternd deiner Brust? Die Herrscherin
der Rosaline, die mein Herz erfüllet,
die ist ein Mond, voll Glanz! Die Dienerin

ein Stern in ihrem Zuge, dessen Licht
man kaum bemerkt.

Biron.

So ist mein Auge dann
nicht Aug', und so bin ich auch Biron nicht.
O, nur um meiner Dame willen kann
der Tag in Nacht zu wandeln sich verlangen.
Die auserles'ne Herrschaft aller Pracht,
versammelt ihren Markt auf ihren Wangen;
wo jeder Vorzug eine Hoheit macht;
wo, was der Mangel selber sucht, nicht mangelt!
Leiht mir der zartsten Zunge Blumenschmuck —
Pfui, malende Rhetorik! O, sie angelt
doch nie danach! Sie ist sich selbst genug!
Des Kaufmanns Gut, begehrt des Kaufmanns Preis,
sie ist weit über alles Lob erhaben.
Zu wenig Lob vernichtet Lob und Preis!
und es beschmutzt nur ihre hohen Gaben.
Der Eremit, der hundert Jahr' gefroren,
erblickt sie kaum, und schüttelt funfzig ab;
denn Schönheit schmückt den Greis, wie neugeboren,
und giebt der Wiege Kindheit ihren Stab;
Die Sonn' ist sie, die alles glänzend zeigt.

König.

Wie Ebenholz so schwarz ist euer Stolz!

Biron.

O, göttlich Holz, wenn Ebenholz ihr gleicht.
Ein Glück ist dann ein Weib von solchem Holz!
Wer zeigt mir einen Eid, ein heil'ges Buch,
damit ich schwöre: schön sey nimmer schön,
wenn's nicht gelernt mit ihrem Auge sehn.
Kein Antlitz schön! denn kein's ist schwarz genug!

König.

Wie ungereimt! Schwarz ist der Hölle Zeichen,
des Kerkers Farb', die Miene finstrer Nacht.
Es muß dem holden Glanz des Himmels weichen.

Biron.

Der Teufel, in des Engels lichter Pracht,
verführt am schnellsten. O, wenn nun geschmücket
in Schwarz, die Braunen meiner Dame stehn,
so trauern sie, daß je von falschem Schein entzücket,
die Liebenden gemalte Locken sehn,
anmaßlich falsches Haar. Darum erzeugt
sie die Natur, das Schwarze schön zu zeigen.
Des Tages Modefarbe wird verscheucht
durch sie, denn angebornes Blut, ihr eigen,
wird für gemaltes Blut nun angesehn.
Drum schminkt sich auch, dem Tadel zu entgehn,
die Röthe selber schwarz, um zum Erstaunen
zu gleichen meiner Holden Augenbraunen.

Dumain.

Der Schornsteinfeger färbt sich, ihr zu gleichen!

Longaville.

Seit ihrer Zeit sind Kohlenbrenner licht.

König.

Aethioper müssen ihrer Farbe weichen!

Dumain.

Die Dunkelheit bedarf des Lichtes nicht,
denn nun ist dunkel, licht!

Biron.

Nie in den Regen
wagt eurer Damen eine je zu gehn,
aus Furcht des Waschens ihrer Farben wegen.

König.

Wenn's eure thäte, wär' es wohl geschehn.
Denn, offen! Herr, ein schöneres Gesicht,
das heut sich nicht gewaschen, will ich finden.

Biron.

Und sollt' ich sprechen bis zum Weltgericht,
so will ich, daß sie schön ist, euch begründen.

König.

Dann schreckt, wie sie, euch ja der Teufel nicht.

Dumain.

Wer hat gemeinen Stoff je so geschätzt!

Longaville, indem er ihnen seine Schuhe zeigt.

Sieh, deine Braut! Mein Fuß und ihr Gesicht.

Biron.

O, wär der Weg gepflastert und besetzt
mit deinen Augen, wäre doch ihr Fuß
zu zart, es zu betreten.

Dumain.

O, wie schändlich!
Dann sieht, wenn sie darüber gehen muß,
was aufwärts liegt, die Straße unabwendlich!

König.

Wozu doch das? Verliebt sind wir doch alle?

Biron.

O nichts gewisser, auch meineidig schier!

König.

So laßt das Schwatzen! und in jedem Falle,
beweise, guter Biron, nach Gebühr,
daß unsre Liebe ganz gesetzlich sey,
und unsre Treue unverletzt geblieben.

Dumain.

Ei, freilich! irgend eine Schmeichelei
für dieses Uebel.

Longaville.

Und zum Weiterlieben,
Authorität; ein Kunstgriff; was es ist
den Teufel zu betrügen.

Dumain.

Salbe für
den Meineid! irgend eine!

Biron.

Freunde, wißt,
das ist uns allen mehr als nöthig hier.
So gebt genau denn Acht, ihr Liebeshelden!
Bedenkt, was ihr zuerst beschworen habt:
Studiren, fasten wolltet ihr, kein Weib,
so schwort ihr, sehn; — ein offner Hochverrath
am königlichen Stand' der Jugend.
Vermögt ihr wohl zu fasten? sagt mir's doch!
Zu jung sind eure Magen, und Enthaltung
erzeugt euch Krankheitsstoff. Und, während ihr
gelobtet zu studiren, edle Herrn,
verschwor ein jeglicher von euch sein Buch.
Vermögt ihr stets zu träumen, drauf zu liegen,
hineinzublicken? Denn, wie hättet ihr,
mein König, oder ihr, und ihr, den Grund
der Trefflichkeit des Studiums gefunden,
hätt' euch die Huld des Frauenblicks gefehlt?

Von ihrem Auge leit' ich ab die Lehre:
Der Grund, das Buch und die Akademie,
woraus Prometheus ächtes Feuer springt 56)
sind sie allein. Ja, immerwährende,
müh'volle Arbeit greift verderbend an,
die flücht'gen, muntern Geister in den Pulsen,
wie lang anhaltende Bewegung auch
die Sehnenkraft des Reisenden ermattet.
Nun, in Betreff des Nichtanschau'ns der Frau'n,
so schwort ihr den Gebrauch des Auges ab,
und das Studiren, des Gelübdes Grund.
Wo lehrt ein Autor in der Welt uns solche Pflicht,
als sie ein Weiberauge freundlich lehrt?
Gelahrtheit ist ein Zusatz nur zu uns,
und wo wir sind, da ist sie auch mit uns.
Wenn wir uns nun im Aug' des Weibes sehn,
erblicken wir da nicht auch, was wir wissen?
Ihr Herrn, o, wir gelobten zu studiren,
und dieß Gelübde schwor die Bücher ab!
Wie hättet ihr, mein Lehnsherr, ihr, und ihr,
in bleierner Betrachtung solche Verse
voll Glut ersonnen, wenn euch nicht damit
der Augen Antrieb schöner Huld begabt? 57)
Die andren trägen Künste nehmen ganz
den Kopf ein; darum, dürre Practiker
nur findend, geben sie so spärlich Frucht
der Erndte mühevollen Anstrengung.

Allein die Liebe, die zuerst das Auge
der Dame lehrte, die lebt nicht allein
in das Gehirn gemauert, sondern fliegt
in aller Elemente Regung schnell,
wie der Gedanke flieht, in aller Kraft;
und jeder Kraft gewährt sie Doppelkraft,
weit über die Bestimmung und die Pflicht.
Sie fügt ein kostbar Sehen zu dem Auge,
der Liebe Auge schaut den Adler blind,
der Liebe Ohr vernimmt den kleinsten Laut,
wo das argwöhn'sche Haupt bei'm Diebstahl taub
ist.*)
Empfindlicher und sanfter ist der Liebe
Gefühl, als es die zarten Hörner sind
der schaal'gen Schnecke. Daß der leckere Bachus
grob von Geschmack sey, zeigt der Liebe Zunge.
Was Tapferkeit betrifft, ist Liebe nicht
ein Herkules, der stets die Bäum' erklimmt
der Hesperiden? 59) Schlau wie ein Sphynx; 60)
so süß und so harmonisch, wie die Laute
des glänzenden Apoll, mit seinem Haar
bezogen? Wenn die Liebe spricht, so macht
die Harmonie der Stimmen aller Götter

*) Die Liebe sieht schärfer, als der Adler, und hört so gut, daß der Argwöhnische, der doch alles zu hören pflegt, zumal wenn er Diebe wittert, dagegen taub ist. 58)

den Himmel schläfrig. *) Nimmer durft' ein Dichter
ansetzen seine Feder zum Gedicht,
bis seine Dinte mit der Liebe Seufzer
vereinigt war. O, dann entzückt sein Vers
des Wilden Ohr, und pflanzet in Tyrannen
die zarte Menschlichkeit. Vom Weiberauge
leit' ich die Lehre ab; denn dieß allein
glänzt von dem wahren Feuer des Prometheus. 62)
Sie sind das Buch, die Kunst, die hohe Schule,
die alle Welt uns zeigen und enthalten,
und nähren. Alles andre sonst bezeugt
in Nichts sich trefflich. Wenn ihr diese Frau'n
nun abgeschworen, Thoren seyd ihr dann;
und halten solchen Schwur, giebt den Beweis
der Thorheit. Darum laßt, der Weisheit halber —
ein Wort, das Jeder liebet; — oder um
der Liebe Will'n, — ein Wort, das alle Welt
mit Lieb' umfasset — 63) oder um des Manns, —
der diese Frau'n erzeugt hat, — oder um
des Weibes Willen, — das den Mann gebiehrt, —
den Eid verlassen jetzt, damit wir selbst
uns wiederfinden. Halten wir den Eid,
verlieren wir uns selbst. Religion

*) Durch den Beifall, den alle Götter der Liebe geben, sind ihre Stimmen in Harmonie; und diese vielen, lauten Stimmen machen den Himmel schlaftrunken. 61)

gebietet diesen Meineid; das Erbarmen
erfüllt selbst das Gesetz; denn, wer vermag
die Liebe abzutrennen vom Erbarmen?

König.

Dann, heil'ger Kupido, und Krieger! in das Feld!

Biron.

Die Fahnen vor, und vorwärts! edle Herrn.
Frisch durch einander hin! Werft sie zu Boden!
Doch folgt zuerst dem Rath, daß ihr im Kampf
die Sonn' im Rücken habt. 64)

Longaville.

Fort, mit dem Schein,
und laßt uns offen handeln! Wollen wir
um diese fränk'schen Mädchen ernstlich werben?

König.

Und sie gewinnen! D'rum ersinnt für sie
in ihren Zelten eine Unterhaltung.

Biron.

Zuförderst führt sie aus dem Park hieher,
und dann nach Hause. Jedermann ergreife
die Hand von seiner Schönen. Nachmittags
soll eine seltne Kurzweil sie vergnügen,
wie sie die kurze Zeit gestalten kann.
Denn Lustbarkeit, Tanz, Masken, frohe Stunden,

gehn vor der holden Liebe her, und streun
ihr Blumen auf den Pfad, sie zu erfreun.

König.

Auf, auf! verloren sey hier keine Zeit,
die zeitigt, was geziemend sich uns beut.

Biron.

Allons! Allons! Wer Unkraut hat gesäet,
der erndtet nimmer Korn! Gerechtigkeit
hat sich in gleichem Maaß stets umgedrehet.
Leichtsinn'ge Dirnen plagen nun mit Leid
meineid'ge Männer. Ist er wahr, der Satz,
kauft unser Kupfer keinen bessern Schatz.

Alle gehen ab.

Fünfter Aufzug.

Erste Scene.

Ein anderer Theil des Parks.

Holofernes, Nathaniel und Stock treten auf.

Hol. Satis quod sufficit. 63)

Nath. Ich preise Gott um eurentwillen, Herr! Euer Raisonniren bei Tische war scharfsinnig und sentenzenreich, unterhaltend ohne Possenhaftigkeit, witzig ohne Ziererei; verwegen ohne Unverschämtheit; gelehrt ohne Vorurtheil und seltsam ohne Ketzerei. Ich kam in diesen quondam Tagen mit einem Gesellschafter des Königs zusammen, der Don Adriano de Armado betitelt, benannt oder gerufen wird.

Hol. Novi hominem tanquam te 64) Seine Laune ist hochfahrend; seine Rede absprechend; seine Zunge gefeilt; sein Auge ehrgeitzig; sein Gang majestätisch; und sein ganzes Benehmen eitel, lächerlich und großprahlerisch. Er ist zu geleckt, 65) zu geputzt, zu affectirt; Gott weiß, wie seltsam, und zu ausländlich, wenn ich es so nennen kann.

Nath. Ein ganz besonderes und wohlgewähltes Beiwort.

Er nimmt seine Schreibtafel heraus.

Hol. Er zieht den Faden seiner Redseligkeit feiner heraus, als den wollenen Faden seiner Schlüsse. Ich verabscheue solche fanatische Phantasmen; solche ungesellige und pünktliche Gesellen; solche Henkersknechte der Orthographie; welche Putter sagen statt Butter, Pust statt Post, Kott statt Gott, mer statt wir, Nachber statt Nachbier, Sweine statt Schweine, Schstad statt Stadt. Das ist grausenvoll, — was er gräulich nennen würde. Es dringt mir die Idee des Wahnsinns auf! Ne intelligis Domine? es ist um verrückt und mondsüchtig zu machen. 66)

Nath. Laus deo! bone intelligo! 67)

Hol. Bone? — bone für bene. Priscian, ein wenig gekratzt. Das genügt schon. 68)

Armado, Motte und Dickkopf treten auf.

Nath. Videsne quis venit? 69)

Hol. Video etc. gaudeo. 70)

Armado, zu Motte. Pursch!

Hol. Quare 71) Purzch und nicht Bursch?

Armado. Ihr Männer des Friedens, seyd mir willkommen!

Hol. Ein recht militairischer Gruß, Herr!

Motte, zu Dickkopf heimlich. Sie sind bei einem großen Gastmahl von Redensarten gewesen, und haben da Brocken entwendet.

Dickkopf. O, sie haben lange aus der Almosenbüchse der Worte gelebt. Mich wunderts, daß dein Herr dich nicht als ein Wort aufgefressen hat, denn du bist mit deinem Kopfe nicht so lang, als honorificabilitudinitatibus. 72) Du bist leichter zu verschlingen, als eine Rosine in brennendem Brandtwein. 73)

Motte. Stille! das Gekrach beginnt.

Armado, zu Holofernes. Monsieur, seyd ihr nicht ein Gelehrter?

Motte. Ja ja! Er lehrt die Kinder das A. B. C. Was heißt ae, b rückwärts ausgesprochen mit Hörnern am Kopf?

Hol. Bae! — pueritia 74) mit einem Horn dazu.

Motte. Bae! albernes Schaf mit einem Horn. Ihr hört seine Gelehrsamkeit.

Hol. Quis? Quis? du Konsonant! 75)

Motte. Der dritte von den fünf Vokalen mit

einem ch dahinter, wenn ihr sie auffagt, und der fünfte mit einem d davor, wenn ich es thue.

Hol. Ich will sie auffagen. a. e. i.

Motte. Nun das ch dahinter, da habt ihr das Schaf. Die beiden letzten beschließen es mit einem d dazwischen o u 76).

Armado. Nun bei der Salzwoge des mittelländischen Meeres, das war ein angenehmer Streich! eine hurtige Finte des Witzes! Schnipp, Schnapp! schnell aus und ein! Es ergötzt meinen Verstand! ächter Witz!

Motte. Dargeboten von einem Kinde, einem alten Manne, der witzalt ist.

Hol. Was ist das für eine Figur? Was ist das für eine Figur?

Motte. Hörner sind's!

Hol. Du disputirst wie ein Kind! Geh! peitsche deinen Kräusel.

Motte. Leiht mir eure Hörner, damit ich mir einen daraus machen kann, und ich will ihn um eure Schande circum circa 77) peitschen. Ein Kräusel aus dem Horn eines Hahnrei's.

Dickkopf. Hätt' ich nur zwei Sechser in der Welt, so solltest du sie haben, um dir Pfefferkuchen zu kaufen. Halt! Da habe ich ja die Remuneration, die ich von deinem Herren erhielt; Du drei Dreierbörse des Witzes, du Taubenei von Bescheidenheit. O, wenn mir der Himmel nur so gnädig gewesen wäre, daß du mein Bastard geworden wärst; zu welch einem glücklichen Vater würdest du mich machen! — Nur zu! Du hast es an den Unken, an den Fingerspitzen, wie man zu sagen pflegt.

Hol. O, ich wittre falsches Latein. Unken, statt unguem. 78)

Armado. Männer der Gelehrsamkeit: praeambula! 79) Wir wollen uns von diesen Barbaren trennen. Erzieht ihr nicht die Jugend im Schulhause auf dem Gipfel des Berges?

Hol. Auch mons, Hügel!

Armado. Wie es euch beliebt, den Berg zu nennen.

Hol. Dem ist also: sans question. 80)

Armado. Herr, es ist des Königs holdester Gefalle und Wunsch, die Prinzessin an den Posterioren 81) dieses Tages, den die rohe Menge Nachmittag nennt, in ihren Zelten zu beglückwünschen.

Hol. Posterioren des Tages, edelster Herr, statt Nachmittags zu sagen, ist ganz geeignet, congruent und angemessen. Das Wort ist sehr wohl erkieset, gewählt, schön und passend, das versichr' ich euch, gnädiger Herr, das versichr' ich euch.

Armado. Herr, der König ist ein edler Mann, und ein Vertrauter von mir! das versichr' ich euch, mein sehr guter Freund! — Was wir mit einander für Geheimnisse haben, das laßt dahin gestellt seyn. — Ich bitt' euch! Erinnert euch eurer Höflichkeit! ich bitt' euch! bekleidet euer Haupt! 82) und unter andren beschwerlichen und höchst wichtigen Plänen, — die auch wirklich von großem Belange sind! — aber laßt das auf sich beruhen! — Denn ich muß euch sagen, es gefällt seiner Majestät — bei aller Welt! — sich zuweilen auf meine armselige Schulter zu lehnen, und mit seinem königlichen Finger auf solche Weise mit meinen Excrementen, 83) meinem Knebelbart zu tändeln. Aber, liebes Herz, laßt das auf sich beruhen. Bei Gott! ich fable nicht. Gewisse besondre Ehrenbezeugungen geruhen seine Majestät Don Armado zu gewähren, einem Soldaten, einem gereiseten Manne, der die Welt gesehen hat. — Aber laßt das auf sich beruhen! Das wahre All von Allem ist — aber süßes Herz, ich ersuche euch um Verschwiegenheit — daß der König wünscht, ich solle der Prinzessin, dem süßen Hühnchen, irgend ein ergötzliches Prachtstück, Schauspiel, Darstellung, Gaukelspiel oder Feuerwerk zum Besten geben. Da ich nun vernehme, daß der Pfarrer und euer holdes Selbst für dergleichen Ergießungen und plötzliche Ausbrüche der Freude gleichsam aufgelegt sind, so habe ich euch von allem unterrichtet, um mir euren Beistand zu erbitten.

Hol. Herr, ihr sollt ihr die neun Helden vorstellen. Herr Nathanael, in Betreff eines Zeitvertreibes, eines Schauspiels an den Posterioren dieses Tages, mit eurem Beistande zu Wege gebracht, nach dem Befehl des Königs und dieses höchst tapferen, berühmten und gelehrten Edelmanns, vor der Prinzessin, — behaupte ich, ist nichts so passend darzustellen, als die neun Helden.

Nath. Wo wollt ihr denn Männer finden, die würdig genug sind, sie darzustellen?

Hol. Josua, ihr; ich, oder dieser tapfere Herr, Judas Makabäus; dieser Schäfer soll wegen seiner starken Glieder und Gelenke für Pompejus den Großen gelten, der Edelknabe soll Herkules seyn.

Armado. Um Vergebung, Herr, error! 84) Der hat nicht Masse genug zum Daumen dieses Helden. Er ist nicht so dick, als das Ende seiner Keule.

Hol. Will man mir Gehör gewähren? Er soll den Herkules im Kleinen darstellen. Bei'm Auf- und Abtritt soll er eine Schlange erdrosseln, und ich will zu diesem Zweck eine Apologie verfertigen.

Motte. Ein vortrefflicher Rath! Wenn dann einer von den Zuhörern zischt, so könnt ihr schreien: Wohl gethan, Herkules! Nun würgst du die

Schlange! Das ist die Art, ein Aergerniß anmuthig zu machen, wenn gleich wenige die Anmuth haben, es zu thun.

Armado. Und wer soll die übrigen Helden vorstellen?

Hol. Ich selbst übernehme die Rolle von dreien.

Motte. Dreifach heldenmüthiger Mann!

Armado. Soll ich euch etwas sagen?

Hol. Wir merken auf!

Armado. Wir wollen, wenn das nicht angeht, ein Gaukelspiel darstellen. Ich bitt' euch, folgt mir.

Hol. Via! 85) Guter Freund Stock! Du hast die ganze Zeit über nichts gesprochen.

Stock. Und auch nichts verstanden, Herr!

Hol. Allons! wir wollen dich auch anstellen.

Stock. Ich will eine Rolle beim Tanze übernehmen, oder so etwas; oder ich will den Helden etwas auf der Trommel *) vorspielen, und sie im Kreise herumtanzen lassen.

Hol. Stöckisch genug, ehrlicher Stock. Fort zu unsrer Kurzweil.

Alle gehen ab.

*) Im Englischen Tabor, kleine Trommel; französisch, Tambourin.

Zweite Scene.

Ein andrer Theil des Parks vor dem Zelte der Prinzessin.

Die Prinzessin, Katharina, Rosalina und Maria.

Prinzessin.

Wir werden, Theure, eh' wir scheiden, reich,
wenn sich die Meßgeschenke ferner häufen.
Ist jegliche von Diamanten doch
ummauert! seht nur was der Liebende
Monarch mir mitgetheilt.

Rosalina.

Ging nicht damit
noch etwas anders ein?

Prinzessin.

Nur dieß allein?
Ja, so viel Lieb' in Reimereien, als
sich in ein Blatt Papier einstopfen läßt
auf beiden Seiten, Rand und alles voll.
Es in Kupidos Namen zu versiegeln
beliebte ihm.

Rosalin

Das war der Weg, auf dem
Kupido's Gottheit wachsen mußte, *) der
ein Knabe seit fünftausend Jahren war.

Katharina.

Ja, und ein Galgenstrick, heillos und schlau.

Rosalina.

Du hassest ihn; er würgte deine Schwester!

Katharina.

Gewiß! denn melancholisch macht' er sie;
tiefsinnig, traurig, und so starb sie hin.
Wenn sie so leichten Sinnes war, wie du,
von deinem heitren, flücht'gen, regen Geist,
sie wäre Großmama geworden eh'
sie starb, wie du es wirst; ein heitres Herz
das lebet lang.

Rosalina.

Was ist mein Mäuschen, doch
der dunkle Sinn von deinem lichten Wort?

Katharina.

Die lichte **) Eigenschaft der dunklen Schönheit.

---

*) Wax, Wachs zum siegeln, und auch wachsen.

**) Um die Schraubereien der Schwester zu verstehen, erinnere man sich: daß light licht und leicht heißt.

Rosalina.

Mehr Licht bedarf es nicht, um deine Meinung zu finden.

Katharina.

Du verletzest nur das Licht in dem du es verschnupfest;[86] Darum will ich dunkel nun beenden den Beweis.

Rosalina.

Nimm dich in Acht mit allem was du thust! Du thust es stets im Dunkeln.

Katharina.

Du nicht so, denn du bist ja ein leichtes Schwesterchen.

Rosalina.

Ja, in der That, ich wiege dich nicht auf. Drum bin ich leicht.

Katharina.

Du wiegst mich nicht? das heißt so viel: du kümmerst dich nicht meinetwegen.

Rosalina.

Mit gutem Grund, denn der geheilte Schmerz bedarf der Heilung nicht.[87]

Prinzessin.

Wohl disputirt;

und die Partie *) des Witzes gut gespielt!
Doch, Rosaline, du auch wardst beschenkt!
Von wem? womit?

Rosalina.

Ich wünsch', ihr wüßtet es!
Wär' ich so schön von Angesicht, als ihr,
so wär' auch mein Geschenk von gleichem Werth.
Dieß zeuge mir! Ja, Verse hab' auch ich.
Ich dank' es Biron! Seiner Verse Maaß
ist ächt, und wär' es das Gemeßne so,
die schönste Gottheit wär' ich auf der Welt.
Verglichen bin ich zwanzig tausend Schönen!
Er hat mein Bild gemalt in seiner Schrift!

Prinzessin.

Wem ähnlich?

Rosalina.

Vielen, den Buchstaben nach;
im Lobe, keiner!

Prinzessin.

Wie die Dinte schön!
Ein guter Schluß.

---

*) Set hat nebst vielen anderen Bedeutungen auch: im Spiel den Satz setzen.

Katharina.

Schön wie im Schreibebuch
das Text B. *)

Rosalina.

Vor dem Pinseln hüte dich!
Ich stürb' als deine Schuldnerin nicht gern;
mein rothes Zeichen, für den Tag des Herrn,
mein goldner Buchstab'! — Wäre dein Gesicht
so übermäßig voll nur nicht!

Prinzessin.

Die Pest auf solchen Scherz! Vermaladeit
sey jedes Leichentuch. 89) Doch was hat heut
der schöne Dümain, Katharina, dir
gesendet?

Katharina.

Fürstin, diesen Handschuh hier!

Prinzessin.

Hat er nicht zwei gesendet?

Katharina.

Freilich doch!
und mehr auch; ein'ge tausend Verse noch,

---

*) Die Textschrift ist eine der größten, längsten und breitesten, welche viele Farbe erfodert. B. spielt an auf Biron.

von einem treuen Liebenden dabei.
Ein ungeheures Werk der Heuchelei;
gar jämmerlich verfaßt, der Einfalt Fülle.

Maria.

Die Perlenschnur und dieß hat Longaville
mir zugesandt; allein sein Liebessang
um eine halbe Meil' ist er zu lang.

Prinzessin.

Das glaub' ich auch. Doch wünschst du nicht die Schnur,
im Herzen länger, kurz das Schreiben nur?

Maria.

Ei, freilich! sonst auch säh' ich wohl mit Freuden,
daß diese Hände nimmer möchten scheiden. *)

Prinzessin.

Wir sind gar weise Jungfrau'n, daß wir so
der Buhlen spotten.

Rosalina.

Die das Spotten so
erkaufen, sind gar arge Narren! O,
denselben Biron will ich, eh' ich scheide,
noch tüchtig foltern; hätt' ich nur die Freude,

*) Wegen Kürze der Kette.

ihn eine Woch' in meinem Dienst zu sehn.
Ich wollt' ihn lehren: kriechen, suchen, flehn,
die Zeit erharr'n, die rechte unterscheiden,
den reichen Witz fruchtlos in Reime kleiden.
Er müßte seinen Dienst nach meinem Willen
und meiner Vorschrift völlig mir erfüllen;
ich macht' ihn stolz darauf, mich stolz zu machen,
die sein Bemühen nur weiß zu verlachen. 89)
So durch Verachtung wollt' ich seinen Staat
bewältigen, daß, wo er mir sich naht,
er als ein Narr vor jedes Menschen Blick
erscheinen sollt' und ich als sein Geschick. 90)

Prinzessin.

So sicher läßt sich nichts Gejagtes fangen,
als wie der Witz, wenn Narrheit ihn befangen.
Die Narrheit von der Weisheit ausgeheckt,
genießt der Weisheit Bürgschaft, wird bedeckt
vom Schirm der Schul', und der gelehrte Thor
glänzt durch des Witzes eigne Huld hervor.

Rosalina.

Der Jugend Blut glüht nicht so unerhört,
als wenn sich Ernst zur Ueppigkeit empört.

Maria.

Des Narren Thorheit wird nicht so erblickt,
als wenn der Weise seinen Witz verrückt.

weil er mit aller Macht dahin sich neigt,
daß er durch Witz der Einfalt Würde zeigt.

Boyet tritt auf.

Prinzessin.

Ha, Boyet, und die Freud' im Angesicht.

Boyet.

Ich sterbe fast vor Lachen. Find' ich nicht
hier die Prinzeß?

Prinzessin.

Was bringt ihr Neues, Boyet?

Boyet.

Bereitet euch, Prinzeß! bereitet euch!
Bewaffnet euch, ihr Damen! denn sogleich
erhebet sich ein Streit um euren Frieden.
Die Liebe naht sich in der Larve Kleid
bewaffnet mit Beweisen, daß euch schier
Erstaunen wird erfüllen. Mustert mir
all' euren Witz. Bereitet euch zu zeigen,
wie ihr euch schützet, oder gleich den Feigen
verbergt das Haupt und flieht.

Prinzessin.

Sanct Dionis
dann, gegen Sanct Kupido! 91) Wer ist dieß,

der uns mit seinem Athem anzufallen
bedrohet? sprecht geschwind! o sagt's vor allen!

Boyet.

Dort unter eines Ahorns kühlem Schatten,
wollt' ich das Aug' ein wenig vom Ermatten
ausruhen lassen, da, um meine Ruh
zu stören kam demselben Schatten zu
der König, mit der ganzen Compagnie;
vorsichtig schlich ich in die Büsche. Sie
behorcht' ich dort; jetzt horchet ihr auch! wie
verkleidet sie, und wie sie, alsobald,
herkommen werden hier in diesen Wald.
Ihr Herold ist ein artig, schelm'scher Knabe,
der, in der That, mit einer seltnen Gabe
die Botschaft einstudirt, und den sofort
Bewegung und Accent sie lehren dort.
„So mußt du sprechen, so den Körper tragen."
Von Zeit zu Zeit hört' ich sie zweifelnd fragen:
ob nicht die Gegenwart der Majestät
ihm alles wohl aus dem Gedächtniß weht?
Dann sprach der König: einen Engel wird
dein Auge sehn, doch bleib mir ungeirrt,
und ohne Furcht, und sprich nur kühn zu ihr!
Der Knab' erwidert' da: Ein Engel hier
ist ja kein Uebel! fürchten ohne Zweifel
würd' ich vor ihr mich, wäre sie ein Teufel!

Da lachten sie; — die Schulter ward dem Diener
geklopft; — der kühne Schalk ward immer kühner
durch alles Lob; der rieb die Ellenbogen,
und lächelte einfältig, schwor verwogen,
bei Gott! die schönste Red', und der rief: ja!
mit Finger und mit Daumen schnalzend, Va!
es soll geschehn! es komm' auch wie es woll'! —
Ein Dritter hüpft' und rief: Es geht wie's soll!
Der Vierte dreht sich auf den Zehn herum
und alle mit, und wälzten stumm
sich auf dem Grund; erhoben ein Gelächter,
ein so unmäßig gründliches Gelächter,
daß es im lächerlichen Anfall schien,
als sollte ihre Thorheit nun entfliehn
vor der Empfindung feierlichen Zähren.

Prinzessin.

Was? ein Besuch? Sie wollen so uns ehren?

Boyet.

So ist's! so ist's! Ihr bald sie hier erblickt
wie Moskowiter alle ausgeschmückt.
Vermuth' ich richtig, so ist ihr Begehren
mit euch zu sprechen, euch hier zu verehren
und einen Tanz zu machen. Jeder will
mit Liebesthat zur Auserwählten still
anrücken, und sie kennen an den Gaben,
die einer jeden sie verehret haben.

Prinzessin.

Das wollen sie? Den Stutzern sind die Thüren
so leicht nicht frei. Wir wollen uns maskiren,
und keiner soll das Antlitz seiner Frauen,
zum Trotze der Bewerbung, glücklich schauen.
Hier, Rosaline, mein Geschenk nimm du,
dann spricht der König deiner Liebe zu.
Hier, nimm es, Lieb'! und gieb das deine mir,
dann hält für dich mich Biron sicher hier.
So auch ihr Andern, wechselt mit Geschenken,
die Jegliche bekam zum Angedenken;
dann werden sie, durch diesen Tausch betrogen,
zu fälschlicher Bewerbung hingezogen.

Rosalina.

Wohlan! und die Geschenke recht vor Augen
getragen nur.

Katharina.

Was soll der Wechsel taugen?
Was meinet ihr damit?

Prinzessin.

Das zu vernichten,
was sie bezwecken, das ist mein Erdichten.
Sie handeln nur aus Spott der Fröhlichkeit,
und Spott um Spott ist meine Absicht heut.
Enthüllen soll ein Jeder seine Pein

verkannter Lieb', und so verspottet seyn,
wenn ihr, wie die Gelegenheit euch sprießet,
mit unverhülltem Antlitz sie begrüßet.

Rosalina.

Doch tanzen wir, wenn sie's begehren?

Prinzessin.

Nein!
und gält's den Tod, kein Fuß darf regbar seyn.
Auch ihrer Schrift wird keine Gunst gewährt,
und vor dem Wort das Antlitz weggekehrt.

Boyet.

Ei, wenn ihr so verächtlich handelt, bricht
des Sprechers Herz! Trennt sein Gedächtniß nicht
von seiner Rolle!

Prinzessin.

Darum thu' ich's ja,
und zweifle nicht, es kommt uns keiner nah,
wenn der aus seinem Text gefallen, liegt.
Kein größ'rer Scherz, als Scherz von Scherz besiegt!
Das Ihrige zum Unsrigen zu machen
und was uns angehört, uns zu bewachen.
So harr'n wir des beschloßnen Spiels und spotten,
wenn sie, durch Spott beschämt, von dannen trotten.

Trompetenschall, außer der Bühne.

Boyet.

Trompetenstoß! Maskirt! die Masken kommen!

Die Damen maskiren sich. Der König, Biron, Longaville und Dümain treten auf in russischen Kleidungen und Masken. Motte. Musik und Gefolge.

Motte.

Der reichsten Huld der Erde alles Heil!

Biron.

Der Huld, die reicher nicht, als reicher Taft. 92)

Motte.

O, reiche Zahl der reitzevollsten Frauen,

Die Damen kehren ihm den Rücken zu.

die Sterblichen je zugewandt den Rücken!

Biron.

Den Blick, Schurke, den Blick!

Motte.

Die Sterblichen je zugewandt den Blick!
Aus —

Boyet.

Wahrlich: aus! — in der That!

Motte.

Aus holder Gunst, ihr Himmlischen, gewährt,
nicht anzuschaun —

Biron.

Nur einmal anzuschaun, Schuft!

Motte.

Nur einmal anzuschaun, mit eurem Auge
dem Sonnenstrahl — dem Sonnenstrahl. —

Boyet.

Sie wollen diesem Beiwort nicht entsprechen,
benennt's ein weiberstrahlend Auge, lieber.

Motte.

Sie achten nicht auf mich! Ich bin heraus!

Biron.

So tüchtig bist du? Schurke! pack dich fort!

Rosalina.

Was wollen diese Fremden? Fragt sie, Boyet!
nach ihrer Absicht. Sprechen sie wie wir,
nun, so verlang' ich: daß ein schlichter Mann
uns ihre Absicht kund thu'. Fragt sie nur,
was sie begehren?

Boyet.

Was begehret ihr
von der Prinzessin?

Biron.

Frieden! weiter nichts!
und günstigen Empfang.

Rosalina.

Was wollen sie?
was sagen sie?

Boyet.

Nur Frieden, weiter nichts,
und günstigen Empfang.

Rosalina.

Das haben sie,
und somit heißt sie gehen.

Boyet.

Sie versichert:
das hättet ihr, und somit sollt ihr gehn.

König.

Verkündet ihr, daß wir der Meilen viel
gemessen, um mit ihr auf diesem Grund'
zu tanzen.

Boyet.

Viele Meilen wollen sie
gemessen haben, hier auf diesem Grund
mit euch zu tanzen.

Rosalina.

Dem ist nicht also!
Befragt sie doch: wie viel man Zolle zählt

in einer Meile. Wenn sie viel gemessen,
so ist das Maas von einer leicht gesagt.

Boyet.

Wenn ihr, hierher zu kommen, Meilen maaßt,
und viele Meilen, so gebietet euch
die Prinzessin, zu sagen: wie viel Zoll
der Meilen eine hat?

Biron.

Erwidert nur:
wir maaßen sie durch manchen sauren Schritt.

Boyet.

Sie hört es selbst.

Rosalina.

Wie manchen sauren Schritt
von mancher sauren Meile, die ihr ginget,
habt ihr in einer Meile Raum gezählt?

Biron.

Wir zählen nichts, was wir für euch gethan,
so reich und so unendlich ist die Pflicht,
daß wir sie ohne Rechnung stets erfüllen.
Gewährt uns eures Auges Sonnenschein,
ihn, — Wilden gleich, — anbetend zu verehren.

Rosalina.

O, mein Gesicht ist mir ein Mond, — bedeckt
von Wolken.

König.

Segenreich Gewölk! das deckt,
wie dieß Gewölk! Gewähr' o Mond, voll Glanz
und dieser, dein so lichter Sternenkranz
— wenn dieß Gewölk verweht, — herabzuscheinen
auf unsre Augen, feucht vom langen Weinen.

Rosalina.

O, eitler Bitter! Größres flehe dir!
Nur Mondschein flehst im Wasser du von mir!

König.

So sey ein kurzer Tanz uns denn gewährt!
Da du es bist, die mich hier bitten lehrt;
so kann die Bitte dir nicht seltsam scheinen.

Rosalina.

Nur aufgespielt! Wir müssen schnell uns einen.

Musik.

Noch nicht! Kein Tanz! Ich bin der Mond
und freue des Wechsels mich.

König.

Schon wieder fühlt ihr Reue?
Versagt den Tanz? wie seltsam handelt ihr!

Rosalina.

Ihr nahmt den Mond für voll, doch nach Gebühr
hat er sich nun verwandelt.

König.

Immer doch
ist er der Mond; der Mann im Mond ich noch.
Hört die Musik! gewährt Bewegung uns
nach ihrem Takt.

Rosalina.

Das thun die Ohren ja.

König.

Allein auch eure Füße sollen's thun.

Rosalina.

Da ihr hier fremd seyd, und der Zufall nur
euch hergeführt, so wollen wir am Ende
nicht so bedenklich seyn. Nehmt unsre Hände!
Wir tanzen nicht.

König.

Und warum sollen wir
die Hände nehmen?

Rosalina.

Um als Freunde hier
von uns zu scheiden. Süße Herzen ihr,
verneigt euch! und so sey der Tanz beendet.

König.

Mehr Tanz von diesem Tanz sey uns gespendet!
Seyd nicht bedenklich!

Rosalina.

Mehr wird nicht gewährt
für diesen Preiß.

König.

So schätzt selbst euren Werth!
Womit wohl kauft man euren Umgang ein?

Rosalina.

Mit eurem Abseyn!

König.

Das kann nimmer seyn!

Rosalina.

So sind wir dann nicht feil! Nun, Gott geleit' euch! eure Larven zweifach, und zur Zeit euch selber halb.

König.

Wenn ihr den Tanz verwehrt,
so laßt uns ferner plaudern.

Rosalina.

'S ist gewährt,
doch heimlich!

König.

So gern hab' ich noch nichts gehört.

Sie reden allein mit einander.

Biron.

Weißhänd'ges Kind! ein süßes Wort mit euch!

Prinzessin.

Milch, Honig, Zucker! da sind dreie gleich!

Biron.

Nun dann zwei Dreie, weil ihr süßes liebt:
Meth, Würze, Malvasier! — Ihr Würfel seyd
gescheidt gefallen! Seht, da habt ihr ja
ein halbes Dutzend! —

Prinzessin.

Und, Adieu! sieh' da
das Siebente, des Süßen noch! — Dieweil
ihr spielet falsch — ich nehm' nicht weiter Theil.

Biron.

Ein Wort nur ins Geheim.

Prinzessin.

Kein süßes, Ritter!

Biron.

Ihr reizt die Galle mir!

Prinzessin.

Die Gall' ist bitter.

Biron.

Und darum paßt sie hier.

Sie reden heimlich mit einander.

Dumain.

Erlaubt ihr's denn,
daß ich mit euch ein Wörtchen wechsle?

Maria.

Nenn'
es mir.

Dumain.

Mein schönes Fräulein!

Maria.

Ist mein Name
das? schöner Herr! — nehmt's für die schöne Dame.

Dumain.

Beliebt es euch, mich in's Geheim zu sprechen,
so will ich hier die Zwiesprach gleich abbrechen.

Sie unterhalten sich ins Geheim mit einander.

Katharina.

Hat eure Maske keine Zunge mehr?

Longaville.

Ich weiß, mein Fräulein, wohl, weshalb ihr fraget!

Katharina.

O, sagt mir's schnell! danach verlangt mich sehr!

Longaville.

Weil ihr zwei Zungen in der Maske traget,
so theilt mit meiner stummen Maske halb!

Katharina.

Woll' sagt myn Heer, hat Wolle nicht das Kalb? 93)

Longaville.

Ein Kalb, mein Fräulein!

Katharina.

Nein, so ein Herr Kalb.

Longaville.

O trennen wir uns von dem Worte Kalb!

Katharina.

O nein! ich will nicht halb seyn, was ihr halb.
Nehmt's ganz, entwöhnt es, und ein Ochs' erscheint.

Longaville.

O, seht nur, wie ihr, euer eigner Feind,
euch selber stoßt mit diesem scharfen Hohn!
Sind Hörner, keusches Fräulein, denn der Lohn,
den ihr ertheilt? O thut das nicht!

Katharina.

So sterbt
als Kalb, eh' ihr die Hörner euch erwerbt.

Longaville.

Und eh' ich sterb', ein heimlich Wort mit euch.

Katharina.

So blöket sanft; der Fleischer hört euch gleich.

Sie reden heimlich mit einander.

Boyet.

Der spött'schen Dirnen Zungen sind so schneidend,
wie des Scheermessers Schärfe unsichtbar,
ein zart'res Haar, als man gewahret, scheidend:
weit ob dem Sinn des Sinns; so fein und klar
erscheinet ihr Gespräch. Beflügelt sind
und flücht'ger die Begriffe, als der Wind;
als Pfeil' und Kugeln, als Gedanken, und
was schneller noch.

Rosalina.

Kein Wort mehr! schließt den Mund
ihr Mädchen! und brecht ab! brecht ab!

Biron.

Bei Gott!
zu Staub gestoßen all'; mit bloßem Spott!

König.

Lebt wohl, wahnsinn'ge Mädchen! Simpel nur
ist euer Witz.

Der König, sein Gefolge, Motte und die Musikanten gehen ab.

Prinzessin.

Lebt zwanzigmal recht glücklich!
ihr Moskoviter, frostiger Natur.
Hat solche Brut der Witz, der schnell und schicklich
ist? der so hoch bewundert wird?

Boyet.

Es sind
Wachskerzen, ausgeblasen von dem Wind
des süßen Athems.

Rosalina.

O, recht wohl genährt,
und dicker, fetter Witz!

Prinzessin.

Von dürft'gem Werth!
O königlich armsel'ge Spötterei!
Ihr meint doch auch, sie müssen heut sich hängen,
und mindestens hinfort in steter Scheu
ihr Antlitz nur in ihre Larven zwängen?
Der Biron hatte Fassung nicht, nicht Leben.

Rosalina.

Wie kläglich jeder vor uns Mädchen stand!
Der König, thränenreif, hätt' viel gegeben
für ein geneigtes Wort.

Prinzessin.

Und Biron wand
sich schwörend, ganz aus allem Flehn heraus.

Maria.

Zu meinem Dienst war Dümain und sein Degen.
Nein! sagt ich, Punktum! gleich war alles aus. 94)

Katharina.

Der Ritter Longaville sprach: verwegen
greif ich ihm an das Herz. Und rathet ihr,
wie er mich nannte?

Prinzessin.

Eine Ohnmacht?

Katharina.

Wohl,
bei meiner Treu! —

Prinzessin.

Geh, Krankheit! geh von mir!

Rosalina.

Nun ja, manch beßrer Witzling trug auch wohl,
die vorgeschriebne flache Mütze nur. 95)
Doch hört! der König schwor mir Liebesfülle.

Prinzessin.

Und mir hat Biron, flüchtiger Natur,
verpfändet seine Treu!

Katharina.

Und Longaville
ward mir zum Dienst gebor'n.

Maria.

Dumain ist mein
so sicher, wie die Rind' ist an dem Baum.

Boyet.

Vernehmt mich Fürstin, und ihr Damen fein:
Sie kehren wieder und ihr ahndet's kaum,
in eigener Gestalt zu euch; und traun!
so schwere Schmach ist doch nicht zu verdaun.

Prinzessin.

Sie kehren wieder?

Boyet.

Ja, mit Gottes Segen;
und hüpfen froh, sind sie gleich lahm von Schlägen.
Drum wechselt die Geschenke wieder um,
und machen sie von ihrem Fehl sich rein,
so haucht wie süße Rosen auf der Flur
in diese Sommerluft.

Prinzessin.

Wie? hauchen? Nein!
ihr müßt verständlich sprechen.

Boyet.

Schöne Frau'n,
sind wie die Rosenknospen anzuschau'n,
wenn sie die Maske birgt. Entfalten sie,
entmaskt, die holde Blumenharmonie,
so sind sie Engel, die der Wolk' enttaucht;
sind Rosen, deren Duft die Luft durchhaucht.

Prinzessin.

Hinweg Bestürzung! was ist anzufangen,
wenn sie in eigener Gestalt verlangen,
um uns zu werben.

Rosalina.

O, Gebieterin,
wenn ich euch rathen darf; — nach meinem Sinn,
so laßt uns ihnen, wie's verhüllt geschehn,
auch unverhüllt noch ferner Nasen drehn;
uns klagen, welche Narr'n wir ausgelacht
verstellt in russischer, zierloser Pracht,
und uns verwundert stellen, wer sie waren?
zu welchem Zweck ihr seichtes Schauspiel hier,
der schlecht erdichtete Prolog, und ihr
so rauhes und so lächerlich's Gebähren
vor unsrem Zelt uns wurde dargestellt?

Boyet.

Ihr Damen, auf! zieht euch zurück in's Zelt,
die Stutzer sind zur Hand.

Prinzessin.

Ja, ja, in's Zelt!
so hurtig wie die Rehe über's Feld.

Die Prinzessin, Rosalina, Katharina und Maria gehen in's Zelt. Der König, Biron, Dümain und Longaville in ihren gewöhnlichen Kleidern treten auf.

König.

Gott mit euch, schöner Herr! die Prinzessin,
wo ist sie?

Boyet.

Hier im Zelt. Bedarf dahin
jetzt meines Dienstes Eure Majestät,
nun so gebiete sie.

König.

Der König fleht
Gehör nur für ein Wort.

Boyet.

Ich sag' es gleich,
und sie gewährt es! Dafür steh' ich euch.

Er geht ab.

Biron.

Das ist ein Mensch, der pickt den Witz so auf
wie Tauben Erbsen, und läßt ihm den Lauf
wie's Gott gefällt. Er krämert mit dem Witz,
vereinzelt seine Waare bei Gelagen,
bei Kirchweih'n und Versammlungen, in Schragen,
und hat bei Markt und Messen seinen Sitz.

Uns, die wir, weiß es Gott! — im Großen nur
verkaufen, ward die Gunst niemals verliehen,
die Waar' in solch ein glänzend Licht zu ziehen.
Ja, dieser Stutzer ist auf rechter Spur!
die Mädchen hat am Ermel er geschnürt;
als Adam, hätt' er Eva einst verführt.
Vorschneiden kann er, lispeln, ei, er ist
der Mann, der seine Hand ganz weggeküßt
aus Artigkeit; der Affe jeder Form,
Monsieur bedenklich, der beim Spiel der Norm
der Höflichkeit gedenkt und aller Orten
die Würfel schmäht mit ehrenvollen Worten.
Ja, den Tenor, den höchsten kann er singen;
und wer vermag sich höher aufzuschwingen
in Aufwartung? Ihn nennen Damen süße,
betretne Stufen küssen seine Füße.
Er lächelt gleich der Blume jeden an,
damit er seine Zähne zeigen kann,
so weiß wie Wallroßzähne; das Gewissen,
das nicht in seinen Sünden sterben mag,
entrichtet den Tribut ihm, spricht beflissen
von Boyets Honigzunge Tag für Tag.

König.

Die süße Zunge mögen Blattern decken, —
das wünsch ich recht von Herzen! — die's gewagt,
Armado's Edelknaben so zu schrecken,
daß er nicht seine Rolle aufgesagt.

Die Prinzessin von Boyet geführt, Rosalina, Maria, Katharina und Gefolge treten auf.

Biron.

Sie kommt! Was warst du Anstand vor der Zeit,
eh' dieser Mann dich wies? Was bist du heut?

König.

Heil, alles Heil euch, holdeste der Frauen!
und einen schönen Tag.

Prinzessin.

Ist heulen schön? 96)
So wie mich dünkt, erreget es nur Grauen.

König.

Erklärt euch besser, darf ich darum flehn,
das Wort, das ich gesprochen.

Prinzessin.

Mir zu Frommen,
wünscht besser, ich erlaub' es.

König.

Zum Besuch
und mit dem Vorsatz sind wir hergekommen,
euch an den Hof zu führen. Thut genug
denn unsrem Wunsch.

Prinzessin.

O nimmermehr entweich
ich diesem Feld'; und aufrecht sey erhalten,
was ihr gelobtet. Weder Gott, noch ich,
erfreuen sich, wo Trug und Meineid walten.

König.

O, scheltet nicht, was ihr erregt in mir!
Die Tugend eures Blicks brach meinen Eid.

Prinzessin.

Ihr schmäht die Tugend! Laster mußtet ihr
sie nennen! Tugend bricht zu keiner Zeit
der Männer Treu! Bei meiner Jungfrau'nehre,
gleich unbefleckten Lilien noch rein,
eh duldete ich Höllenqual — ich schwöre!
eh' ich mich fügt', im Hauſ euch Gast zu seyn.
So sehr verabscheu' ich's, der Grund zu werden
vom Bruch des Schwurs, den ihr mit Lauterkeit
dem Himmel abgelegt.

König.

O, in Beschwerden
verlebtet ihr hier einsam eure Zeit
ganz ungesehn, und unbesucht, zur Schande
für uns.

Prinzessin.

Nicht also, mein Gebieter! Viel, —

ich schwör' es euch! — genoß ich hier zu Lande,
des Zeitvertreibs, manch unterhaltend Spiel.
Nur erst vor kurzer Zeit verließ uns hier
ein ganzer Jahrmarkt Russen.

König.

Russen? heut?

Prinzessin.

In Wahrheit, gnäd'ger Herr! und glaubt es mir,
gar saubre Stutzer! voller Artigkeit
und Prunk.

Rosalina.

O, sprecht die Wahrheit, Prinzessin!
dem ist nicht also, gnäd'ger Herr! den Sitten
der Zeit gemäß sagt sie das nur so hin
aus Artigkeit, und lobt, was unbestritten
kein Lob verdient. Wir viere waren zwar
mit Vieren hier in russischen Gewanden,
auf eine Stunde lang ein vierfach Paar,
und schwatzten schnell; doch, in der Stunde fanden
wir kein beglücktes Wort in ihrem Mund.
Ich mache sie hier nicht als Narren kund;
allein ich glaube, wenn sie Durst gefühlt,
die Narren hätten sich durch Trunk gekühlt.

Biron.

Der Scherz ist mir zu trocken, zarte Süße!

Ihr macht mit eurem Witz zum Narrenstück
die Weisheit. Wenn ich mit dem schärfsten Blick
des Aug's, des Himmels feurig Auge grüße,
verlier' ich Licht durch Licht. So fähig seyd
ihr von Natur, daß eurer reichen Fülle
das Weise närrisch scheint; und Kostbarkeit,
armsel'ger Tand.

Rosalina.

Da nennt ihr ohne Hülle
euch weis' und reich! Allein in meinen Augen —

Biron.

Bin ich ein Narr, und kann zu nichts euch taugen.

Rosalina.

Das Wort von meiner Zunge zu entwenden,
das wäre Unrecht, nähmt ihr das euch nicht,
was euch gebührt.

Biron.

Ich bin in euren Händen
mit allem was ich habe.

Rosalina.

Heißt das nicht:
der ganze Narr ist mein?

Biron.

Ja, minder kann
ich euch nicht geben.

Rosalina.

Welche Maske dann
war's, die ihr trugt?

Biron.

Wo? — eine Maske? wann?
Weshalb die Frage?

Rosalina.

Dort! — die Maske! dann!
die überflüß'ge Hülle, die nur hüllt
das schlechtere, und zeigt das beß're Bild.

König.

Wir sind verrathen! Offen werden sie
nun unsrer spotten.

Dümain.

Und verläugnet's nie!
Laßt uns bekennen, und zum Scherz es wenden.

Prinzessin.

Ihr staunt? mein königlicher Herr! Um was
seyd ihr so traurig?

Rosalina.

Ei, warum so blaß?
Zu Hülfe! Drückt die Stirn' ihm mit den Händen!
Er wird in Ohnmacht sinken! seekrank! dreist
behaupt' ich's, da so weit er hergereist.

Biron.

So strömen die Gestirne alle Plagen
auf den Meineid'gen her! Kann ein Gesicht
von Erz, dieß hier wohl länger noch ertragen?
Hier steh ich, Fräulein! schonet mich nur nicht!
Die Pfeile eurer Kenntniß schleudert her!
Verachtung brenne, und der Spott verwirre
mein ganzes Seyn! Der Witz verwunde schwer
die Einfalt mir, in der ich mich verirre.
Zerstücket mich mit schneidendem Verstande;
nie fordr' ich weder jemals euch zum Tanz,
noch komm' ich her im russischen Gewande;
noch sprech' ich mit studirter Rede Glanz;
noch will ich eines Schülers Zunge trauen;
noch in der Maske hin zur Freundin gehn.
Auf keinem Reim will ich mein Werben bauen,
und wie ein blinder Harfner vor euch stehn.
Die taftnen Phrasen, dieser Silberklang
gesuchter Worte, den gezierten Zwang
pedantische Figuren, die dreifach
gesponnene Hyperbeln, diese Fliegen
des Sommers, die bisher mich jeden Tag
mit grillenhaften Prahlerei'n betrügen,
verschwör' ich hier! verspreche feierlich,
bei diesen weißen Handschu'n! — und bekannt
ist's Gott, wie weiß sie ist, die süße Hand,
die sie getragen! — daß hinführo sich

mein werbend Herz mit bäuerischem Ja,
und ehrlichem, grobwollnem Nein, erklären
nur immer soll! und so beginn' ich: Ha!
Wie Gott mir helfen mag und mich erhören: —
Ich liebe dich! und Dirne! kerngesund
ist meine Liebe! und sans Bruch und Wund'

Rosalina.

Sans sans, ich bitt' euch! 96)

Biron.

Doch noch so ein Hang
zur alten Wuth! ertragt mich! ich bin krank!
allmählich beßr' ich mich! — Halt! laßt doch sehn!
An diesen Dreien muß geschrieben stehn:
„Erbarme Gott sich unser! 97) Alle ja
sind angesteckt! in ihren Herzen da
geschah's! sie leiden an der Pest, empfangen
von eurem Blick, von euren Rosenwangen!
Die Herren sind beschenkt; ihr seyd nicht frei,
des Herren Zeichen seh ich an euch treu. 98)

Prinzessin.

Befreiet sind, die uns die Zeichen gaben.

Biron.

Dahin ist unser Staat! zu untergraben
sucht uns nicht ganz.

Rosalina.

Dem ist nicht also! Nein!
denn, wie kann der jemals verloren seyn,
der etwas noch verfolgt.

Biron.

O, schweigt! ich will
mit euch nichts mehr zu schaffen haben! Still!

Rosalina.

Noch ich mit euch, erreich' ich meinen Zweck.

Biron.

Sprecht mit euch selbst; denn all mein Witz ist weg.

König.

O, lehrt uns, holde Fürstin, der wir huld'gen,
den rohen Fehl auf schöne Art entschuld'gen.

Prinzessin.

Die schönste ist: bekennen! Waret ihr
nicht eben noch in der Verkleidung hier?

König.

Ja, Fürstin!

Prinzessin.

Habt ihr's wohl auch überlegt?

König.

Auch das, huldreiche Fürstin.

Prinzessin.

Dann erwägt:
was flüstertet ihr eurer Dam' in's Ohr?

König.

Ich zöge sie dem ganzen Weltall vor!

Prinzessin.

Und nimmt sie euch beim Wort, so sagt ihr: nein!

König.

Auf meine Ehre nicht!

Prinzessin.

Still! haltet ein!
Wer einmal brechen konnte seinen Schwur,
dem wird der Meineid leicht.

König.

Verachtung nur
begehr' ich, wenn ich diesen Eid verletze.

Prinzessin.

Die soll euch werden! darum haltet ihn,
Rosalie, was flüsterte dir kühn
der Russ' in's Ohr?

Rosalina.

Er schwor mir: höher schätze

er mich, als seiner Augen Licht, verehre
mich mehr, als alle Welt, und fügte bei:
sein müss' ich werden, oder er gehöre
dem Tode. Bis in's Grab sey er mir treu.

Prinzessin.

So möge Gott durch ihn dich dann erfreu'n!
der edle Herr sagt nicht unedel: nein!

König.

Was meint ihr, Fürstin? Nein! ich schwor nicht heut
bei Treu und Leben, nicht ihr solchen Eid.

Rosalina.

Bei'm Himmel, ja! und zur Bestärkung, hier!
nehmt's wieder hin! allein das gabt ihr mir.

König.

Der Fürstin gab ich dieß, so wie mein Wort.
Ich kannte sie an dem Brillanten dort,
an ihrem Ermel.

Prinzessin.

Herr, verzeiht! Sie trug
den Diamant, Herr Biron, der so klug!
— Ich danke ihm — der war mein Vielgetreuer.
Begehrt ihr mich? begehret ihr als euer
die Perlen hier zurück.

Biron.

O, nichts davon!
Ich gebe beides auf! Ich sehe schon
die List! Hier ward ein Einverständniß draus —
— ihr kanntet unsren Scherz schon im voraus —
ihn wie ein Weihnachtslustspiel zu vernichten.
Ein Mährleinträger, Lustigmacher, Narr
gemeiner Art; ein Herr, der gern Geschichten
zuflüstert; ein Schmarotzer, ja, wohl gar
ein Peterchen, 99) das immer seine Wangen
in Runzeln zieht, entbrannte vor Verlangen,
bekannt mit unsrem Scherz, der Prinzessin
ein Lachen zu bereiten, falls ihr Sinn
dazu geneigt, der spielte den Verrath;
worauf man die Geschenke dann verwechselt hat
und wir den Zeichen folgend, nur den Schein
von ihnen warben. Um noch größ're Pein
dem Meineid beizufügen, dessen wir
uns schuldig machten, sind wir alle hier
von neuem Meineid schuldig, so im Willen
als Irrthum. Und es sind nicht leere Grillen,

Zu Boyet.

daß ihr dem Scherz zuvorgekommen seyd,
uns hier als untreu darzustellen heut.
Denn, kennet ihr von Fuß bis auf die Zehen
nicht die Prinzeß? und lachet für und für

nach ihrem Aug', und wisset euch zu drehen,
wie zwischen einem Feuerheerd, und ihr
den Teller haltend, stets spaßhaft, lustig? — Ihr,
ihr brachtet aus dem Text den kleinen Pagen.
Geht, sterbt, es steht euch frei, in allen Tagen,
wenn's euch beliebt! ein Weiberhemde soll
eu'r Sterbekittel seyn. Ihr schielt ja wohl
recht auf mich her? Nicht wahr? das ist ein Blick
verwundend wie ein Schwert von Blei!

Boyet.

Mit Glück
ist dieses alles tapfer zugeritten!
Gar lustig ist der Wettlauf vorgeschritten!

Biron.

O, seht! sogleich turniert er! Aber, schweig!
Vollendet hab' ich!

Dickkopf tritt auf.

O willkommen gleich,
du purer Witz, du trennst ein schön Gefecht!

Dickkopf.

Bei Gott! sie wünschen, Herr, bald zu erfahren:
ob es, wenn die drei Helden kämen, recht
euch wäre, oder nicht.

Biron.

Wie? dreie waren
nur da?

Dickkopf.

Ja, Herr, allein das ist sehr fein!
daß jeder einzeln dreie pursentirt. 100)

Biron.

Und dreimal drei, so viel ich weiß, macht neun.

Dickkopf. Nein, Herr, unter Korrektion, 101) das kann, hoff ich, nicht seyn! Ihr könnt die Vormundschaft für uns nicht erbitten, 102) das glaubt mir! Wir wissen schon, Herr, was wir wissen, und ich, Herr, behaupte hier, daß drei dreimal genommen —

Biron. Gar nicht neun!

Dickkopf. Mit Korrektion! wir wissen, auf wieviel es sich beläuft.

Biron. Bei'm Jupiter! stets nahm ich dreimal drei für neun!

Dickkopf. Bei Gott, Herr! Es wär' ein Jammer, wenn ihr euer Leben durch Rechnen erhalten solltet.

Biron. Wie viel ist's denn?

Dickkopf. Bei Gott, Herr, die Partheien selber, die Schauspieler werden euch zeigen, auf wie hoch es sich beläuft. Was mich selbst anbetrifft, so hab' ich, wie man zu sagen pflegt, nur einen Mann, einen armsel'gen Mann vorzustellen, und zwar Pomponion den Großen.

Biron. Seyd ihr einer von den Helden?

Dickkopf. Es gefiel ihnen, mich als Pomponion den Großen gelten zu lassen. Was mich anbetrifft, so kenn' ich den Rang nicht, der dem Helden zukommt, ich soll ihn aber darstellen.

Biron. Geh! heiß ihnen, sich anzuschicken.

Dickkopf. Wir wollen's recht schön machen! wir wollen uns ein wenig Mühe geben.

Er geht ab.

König.

Sie werden uns Schande machen, Biron! hindre,
daß sie sich nahn.

Biron.

Wir sind schon schandefest;
und daß die Schmach für uns sich noch vermindre,
so duldet, daß sich Schlechtres sehen läßt,
als was der König zeigte mit den Seinen.

König.

Ich sage dir: sie sollen nicht erscheinen.

Prinzessin.

O nein, mein König! laßt die Obhand mir
in diesem Fall! Der Scherz vergnügt am meisten,

von dem man nicht begreift, warum? Auch hier
wird man Befried'gung nicht, doch Spaß uns leisten,
wo Eifer sich bestrebet zu genügen,
in diesem Eifer, dann der Stoff erstirbt,
der dargestellet ist. Und wird verirrt
die Form, dann wird des Scherzes Form entwirrt,
wenn große Dinge sinken in ihr Grab,
im Augenblick, der ihnen Leben gab.

Biron.

Wie richtig ward hier unser Scherz beschrieben!

Armado tritt auf.

Armado. Gesalbter! Ich erflehe mir einen so großen Aufwand eures königlichen, lieblichen Athems, als ein paar Worte bedürfen.

Er spricht mit dem Könige und überreicht ihm ein Papier.

Prinzessin. Dient dieser Mann Gott?

Biron. Warum fragt ihr das?

Prinzessin. Er spricht nicht wie ein Mensch, den Gott geschaffen hat.

Armado. Das ist gleichviel, meine holde, anmuthige, honigsüße Monarchin! Dennoch versichr' ich euch: der Schulmeister ist über alle Maaße phantastisch; zu, zu eitel! zu, zu eitel! Allein wir wollen das, wie man zu sagen pflegt, der fortuna della guerra 103) anheimstellen! Ich wünsche euch den Frieden des Gemüths, höchst königliche Vollendung!

Er geht ab.

König. Wir werden hier wahrscheinlich eine treffliche Heldendarstellung erblicken. Er stellt den Hector von Troja vor; der Schäfer, Pompejus den Großen; der Pfarrer, den Alexander; Armado's Edelknabe, den Herkules, und der Schulmeister den Judas Makkabäus.

Und wenn die erste Rolle ihnen glückt,
so wechseln die vier Helden gar geschickt
die Kleider um, und stellen uns die andren
fünf Helden dar.

Biron.

Im ersten Akt sind fünf.

König.

Du irrst.

Biron. Der Schulmeister, der Großprahler, der Heckenpriester, der Narr und der Knabe!

Nehmt einen Zufall aus, 104) so kann die Welt
fünf solche Menschen künftig nicht erspähen,
wird jeder in sein rechtes Licht gestellt.

König.

In vollen Segeln ist das schnelle Schiff zu sehen.

Man bringt Sitze für den König, die Prinzessin und das Gefolge. Darauf folgt die Vorstellung der neun Helden. 105) Dickkopf tritt gerüstet auf, als Pompejus.

Dickkopf.

Pompejus bin ich!

Boyet.

Falsch! das bist du nie!

Dickkopf.

Pompejus bin ich!

Boyet.

Und auf deinem Knie
trägst du die Panterhaut! 106)

Biron. Gut gesagt, alter Spötter! Ich muß mich schlechterdings mit euch befreunden.

Dickkopf. Pompejus bin ich! zubenamt der Dicke!

Dümain. Der Große.

Dickkopf. Heißt es: der Große, Herr? Zubenamt der Große!
der oft mit Tartsche und Schild, im Feld mit manchem Stoße
den Feind zum Schwitzen bracht'. Ich kam von ungefähr
den Strand bereisend, auch in diese Auen her,
und lege hier der Franken Jungfrau, dieser süßen,
all meinen Waffenschmuck gehorsamlich zu Füßen.

Wenn eure Hoheit zu sagen beliebt: ich danke dir Pompejus, so bin ich fertig.

Prinzessin. Großen Dank, großer Pompejus!

Dickkopf. So viel ist's nicht werth, aber ich hoffe doch, daß ich meine Sache recht gut machte. Ich machte nur einen kleinen Fehler mit: dem Großen.

Biron. Meinen Hut verwett' ich gegen einen halben Pfennig, daß Pompejus den besten Helden darstellt.

Nathaniel tritt auf, gerüstet als Alexander.

Nathaniel.

Als ich einst in der Welt, war ich der Welt Gebieter.
In Ost, West, Süd und Nord, herrscht meine Siegermacht.
Mein Wappenschild erklärt ganz deutlich euch: — hier kniet er,
der Alexander —

Boyet.

Die Nase sagt: nein, ihr seyd's nicht; denn sie stehet zu grade. 107)

Biron.

Eure Nase wittert man hierin, zart witternder Ritter! o Schade!

Prinzessin.

Der Sieger wird verzagt! Fahrt fort, Alexander! — hier kniet er! —

Nathaniel.

Als ich einst in der Welt, war ich der Welt Gebieter.

Boyet. Ohne Zweifel! du hast Recht; das warst du, Alexander.

Biron. Pompejus der Große!

Dickkopf. Euer Diener und Dickkopf.

Biron. Schaffe den Sieger fort! Schaffe Alexancer fort.

Dickkopf. O Herr! Zu Nathaniel. Ihr habt Alexander den Sieger, zu Boden gestreckt. Ihr werdet dafür auf der gemahlten Tapete ausgekratzt werden. Euer Löwe, der seine Streitaxt an einen Nachtstuhl hält, wird dem A-jax gegeben werden; der wird der neunte Held werden. Ein Sieger! und fürchtet sich zu reden. Lauf weg, vor Scham, Alexander! Nathaniel geht ab. Das ist, mit eurer Erlaubniß, ein närrischer, sanfter Mann, ein rechtschaffener Mann, seht ihr, der bald in Verwirrung zu bringen ist. Er ist ein außerordentlich guter Nachbar, in der That! und ein recht tüchtiger Kegelschieber. Was aber den Alexander anbetrifft, da seht ihr, wie es mit ihm steht. Die Rolle ist ihm ein wenig zu schwer. Allein es werden Helden kommen, die ihre Gesinnung noch auf andre Weise aussprechen werden.

Prinzessin. Geh bei Seite! guter Pompejus!

Holofernes, gerüstet als Judas, und Motte, als Herkules gerüstet, treten auf.

Holofernes.

Den großen Herkules stellt dieses Propfreiß dar,
deß Keule Cerb'rus schlug, den dreigeköpften canus! 108)
Und wie er Püppchen, Kind, und noch ein Zwerglein war,
da würgt' er Schlangen so mit seiner kleinen manus. 109)
Quoniam 110) er scheint unmündig hie,
ergo 111) komm ich mit der Apologie.

Geh mit einigem Anstande ab, und verschwinde.

Motte geht ab.

Hol. Judas bin ich!

Dümain. Ein Judas!

Hol. Nicht Ischariot, Herr! Judas bin ich, der abgekürzte Makabäus.

Dümain. Judas Makabäus, abgekürzt, *) ist offenbar Judas!

Biron. Ein küssender Verräther! — Wie willst du dich als Judas darthun?

Hol. Judas bin ich!

Dümain. Desto mehr Schande für dich, Judas!

---

*) clipt, heißt: abgekürzt, und auch: umarmt.

Hol. Was meint ihr, Herr?

Boyet. Daß Judas sich selbst aufhängen soll.

Hol. Beginnt ihr, Herr! Ich stehe unter euch.

Biron. Wohl gefolgert! Judas ward an einen Holunder aufgehängt. [112])

Hol. Ich werde keine Miene verziehen.

Biron. Weil du kein Gesicht hast.

Hol. Was ist denn das hier?

Boyet. Ein Zitterhaupt.

Dümain. Das Haupt eines Hammels.

Biron. Ein Todtenkopf in einem Ringe.

Longaville. Das Gesicht einer alten römischen Münze, kaum sichtbar.

Boyet. Der Knopf an Cäsars Säbel.

Dümain. Ein geschnitztes, beinernes Gesicht auf einem Pulverhorn.

Biron. Sankt Georgs Halbbacken auf einem Kleinod.

Dümain. Ja, und auf einem bleiernen.

Biron. Freilich! und getragen im Beutel eines Zahnbrechers, und nun vorwärts, denn wir haben dich in Fassung gesetzt.

Hol. Ihr habt mich außer Fassung gesetzt.

Biron. Falsch! Wir haben dir Fassung gegeben.

Hol. Ihr habt aber alle außer Fassung gebracht.

Biron. Und wärst du ein Löwe, so würden wir es doch thun.

Boyet.

Doch da er Esel ist, so laßt ihn ruhn,
und so leb wohl, du holder Jude! was weilst du noch?

Dumain. Er will die letzte Sylbe seines Namens wissen.

Biron. So gieb ihm die ersten beiden Buchstaben von asinus zum Juden! Judas fort! 113)

Hol. Das ist nicht edel, nicht anständig, nicht bescheiden.

Boyet. Ein Licht für Monsieur Judas. Es wird dunkel! Er könnte stolpern.

Prinzessin. Ach, armer Makabäus! wie hat man ihn gehetzt!

Armado, gerüstet als Hector, tritt auf.

Biron. Birg dein Haupt, Achilles! hier kommt Hector in seiner Rüstung.

Dumain. Und weil mein Spott mir wieder heim kam, will ich nun lustig seyn.

König. Hector war nur ein Trojaner gegen den hier. 114)

Boyet. Ist das aber Hector?

Dumain. Ich denke: Hector war nicht so nett gezimmert.

Longaville. Seine Lende ist zu dick für Hector.

Dümain. Die Wade zuverlässig.

Boyet. Nein, in den Dünnen ist er am besten begabt.

Biron. Das kann Hector nicht seyn.

Dümain. Er ist ein Gott oder ein Mahler, denn er macht Gesichter.

Armado.

Der waffenmächt'ge Mars; allmächtig mit der Lanze, gab Hector ein Geschenk.

Dümain. Eine vergoldete Muskatennuß.

Biron. Eine Limonie.

Long. Mit Gewürznäglein besteckt. 115)

Dümain. Nein! gespalten.

Armado. Stille!

Der waffenmächt'ge Mars; allmächtig mit der Lanze
gab Hector ein Geschenk, dem Erb'n von Ilion,
ein Mann, so athemreich, daß er im Schlachtentanze
vom Morgen bis zur Nacht aus seinem Pavillon
zu fechten fähig war. — Die Blume nun bin ich.

Dümain. Diese Pfeffermünze.

Long. Diese Wiesenraute.

Armado. Holder Herr Longaville! zügelt eure Zunge!

Long. Ich muß ihr eher den Zügel lassen, denn sie läuft gegen Hector an.

Dümain. Freilich, und Hector ist ein Windspiel.

Armado. Der holde Kriegsheld ist todt und verwittert, süße Hühnchen! Schlagt die Gebeine eines Begrabenen nicht! Als er athmete, war er ein Mann. — Allein ich will in meiner Erfindung fortfahren. Zur Prinzessin. Holde Königstochter, verleiht mir den Sinn des Gehörs.

Biron flüstert Dickkopf etwas zu.

Prinzessin. Sprich, braver Hector! du ergötzest sehr!

Armado. Ich bete den Pantoffel eurer Hoheit an.

Boyet. Er liebt sie beim Fuße.

Dümain. Er mag sie nicht bei der Ruthe!

Armado. Weit überstieg der Hector Hannibal.

Dickkopf. Mit der Verbindung ist es aus, Kammerad Hector. Sie ist fort! Sie ist schon zwei Monat guter Hoffnung.

Armado. Was meinst du?

Dickkopf. Meiner Treue! Ob ihr gleich den ehrlichen Trojaner spielt; die arme Dirne ist weggeschleudert. Es ist lebendig! Das Kind thut schon dick in ihrem Leibe. Es gehört euch!

Armado. Beschimpfst du mich in Gegenwart von Potentaten? Du mußt sterben.

Dickkopf. Dann wird Hector Schläge bekommen wegen der Jaquenette, welche lebendig von ihm ist, und er wird aufgehängt wegen des Pompejus, der von ihm getödtet ist.

Dümain. Seltenster Pompejus!

Boyet. Berühmter Pompejus!

Biron. Größer als großer, großer, großer, großer Pompejus! Pompejus der Ungeheure!

Dümain. Hector zittert.

Biron. Pompejus ist böse. Mehr Ate's! mehr Ate's! Pack' an! Pack an! [117)]

Dümain. Hector wird ihn herausfordern.

Biron. Freilich, er müßte denn weniger Mannsblut in seinem Leibe haben, als ein Floh saugen kann.

Armado. Bei'm Nordpol, ich fordre dich!

Dickkopf. Ich mag mit keinem Polen fechten, wie ein Nordländer. Ich will wetterleuchten, ich will's mit dem Degen ausmachen. Ich bitt' euch, borgt mir meine Waffen wieder.

Dümain. Platz, für die entrüsteten Helden.

Dickkopf. Ich will's im Hemde verrichten.

Dümain. Höchst entschlossener Pompejus!

Motte. Herr, laßt mich euch ein Knopfloch tiefer öffnen. Seht ihr nicht, daß sich Pompejus zum Kampf enthülset. Was meint ihr? Ihr werdet nun euren guten Ruf einbüßen.

Armado. Meine Herren und Krieger! ich mag nicht im Hemde fechten.

Dümain. Ihr dürft es nicht verweigern; Pompejus hat euch gefordert.

Armado. Süße Blutjungen! Ich wünsche und möchte beides.

Biron. Was habt ihr für Gründe dazu?

Armado. Die nackte Wahrheit ist: ich habe kein Hemde. Ich gehe aus Buße in Wolle.

Boyet. Das ist wahr! und die ward ihm in Rom aus Mangel an Leinewand zugelassen; seit welcher Zeit er, worauf ich schwören will! — keine trug, als einen Waschlappen von Jaquenetten, und den trägt er als ein Liebespfand nahe an seinem Herzen.

Merkade tritt auf.

Merkade.

Gott segne euch, Prinzeß!

Prinzessin.

Willkommen, Merkade!
obgleich du unsren Scherz hier unterbrichst.

Merkade. Das schmerzt, gnäd'ge Dame! denn die Neuigkeit, die ich euch bringe, lastet schwer auf meiner Zunge.

Der König, euer Vater —

Prinzessin.

Todt! bei meinem Leben.

Merkade.

So ist es! Meine Nachricht ist gebracht.

Biron. Ihr Helden, fort! Die Scene fängt an, sich zu bewölken.

Armado. Was mich betrifft, so schöpf' ich wieder freien Athem. Ich habe den Tag des Unrechts durch die kleine Spalte der Mäßigung gesehn, und ich will mir selber Recht schaffen auf Soldatenart.

König.

Wie befindet sich eure Majestät?

Prinzessin.

Boyet, gerüstet! heute reis' ich noch!

König.

Nein, Herrscherin! ich bitte, weilet noch!

Prinzessin.

Bereitet euch, gebiet' ich! Meinen Dank,
euch, edle Herrn, für jegliches Bemühn!

Und nur aus einer Seele, die der Schmerz
ganz neu ergriff, ersuch' ich euch: gewährt,
daß eure reiche Weisheit uns entschuld'ge,
und wenn wir eurem Geiste gar zu frei
entgegen kämpften, so verschleiert das.
Wenn wir zu kühn, im Hauch der Unterredung
uns übernahmen, war die Schuld davon,
daß ihr so freundlich wart. So lebt denn wohl!
ihr werthen Herrn! Ein schweres Herz vermag
demüth'ge Worte niemals auszusprechen.
Entschuldigt mich damit, wenn ich so kurz
mit meinem Dank mich fasse, da so leicht
erfüllt mir meine große Bitte ward.

König.

Es bringt der letzte Augenblick der Zeit,
zur Reife alle Gründe ihrer Eile,
und fördert unsern Zweck; entschieden wird
in des Verlusts Moment, was zu erwägen
ein langer Rechtsstreit nicht vermögend war;
und wenn der Tochter gramerfüllter Blick,
das Kosen heitrer Liebe untersagt,
die gern mit frommer Bitte sie besiegte,
so laßt doch, da der Liebe Argument
im Gang schon war, sie von des Grams Gewölk
nicht treiben aus der vorgesetzten Bahn.
Verlorne Freunde zu bejammern, ist

bei weitem nicht so heilsam und so nützlich,
als neugefundner Freunde sich zu freun.

Prinzessin.

Ich weiß nicht was ihr meint. Mein Schmerz ist zwiefach.

Biron.

Ein ehrlich grades Wort erreicht das Ohr
des Grams am leichtesten; und só versteht
den König an des Wortes Zeichen. Seht!
um eurer Schönheit willen haben wir
die Zeit versäumt, und trieben Narrenspiel
mit unsren Eiden. Eure Huld, ihr Damen,
hat uns verwandelt, und hat unsre Neigung
ganz gegen unsren ersten Zweck geführt,
und was in uns euch lächerlich erschien.
Wie Lieb' ist voll unziemlichen Bestrebens,
ein unbesonn'nes Kind, das hüpfend, thöricht,
vom Aug' gestaltet, und daher gleich ihm
so seltsam von Gebilde, Form, Gewand,
voll Wankelmuth bei allem, was sie sieht,
so wie das Auge rollt, indem es blickt
auf neue Gegenständ'. — Wenn wir nun auch
das bunte Kleid der ungebundnen Liebe
anzogen, und dies eurem schönen Blick
nicht schicklich schien bei unsrem Ernst und Eid,
so haben diese himmlisch schönen Augen,

die unsre Fehler wohl durchschauen, uns
allein verführt. Euch Damen ganz allein
gehöret unsre Lieb', deshalb gehört
auch euch der Liebe Irrthum ganz allein.
Wir, die wir falsch gehandelt gegen uns,
wir waren es, um denen immer treu
zu bleiben, die zu beiden uns verführt,
euch schönen Damen! — und so reiniget
die Falschheit, die an sich wohl Sünde ist,
sich selbst und wandelt sich in Gnade um.

Prinzessin.

Die Liebesbriefe, die ihr uns gesandt,
empfingen wir; auch eure Liebespfänder,
der Liebe Abgesandte. Sie erschienen
in unsrem Mädchenrath als Artigkeit,
als Scherz, als Höflichkeit und als Bombast,
nur wie Convenienz. Wir glaubten, daß
sie sollten dienen mir, die Zeit zu kürzen.
Mehr ernsten Sinn, als diese, hatte doch
in unsren Augen diese Sache nicht;
und so begegneten wir eurer Liebe
in ihrer Weise, einem Scherze gleich.

Dumain.

Prinzessin! unsre Briefe zeigten mehr
als Scherz.

Longaville.

Und unsre Blicke.

Rosalina.

Wir erklärten
sie anders nicht.

König.

Nun, in der äußersten
Minute dieser Zeit, gewährt uns Liebe!

Prinzessin.

Zu kurz dünkt mich die Zeit, um einen Kauf,
der eine Welt ohn' End' enthält, zu schließen.
Nein, nein! mein König! Eure Majestät
ist zu meineidig! voll von schwerer Schuld.
Deshalb vernehmt: Wollt ihr — ohn' allen Grund!
um meiner Liebe willen etwas thun,
nun, so vollzieht mir dieß: Ich traue nicht
auf euren Eid; allein in Eile geht,
und sucht euch eine nackte Einsied'lei,
verborgen und von aller Weltlust fern!
dort harret aus, bis daß den Jahreslauf
die Himmelszeichen alle zwölf vollendet.
Verändert nun dieß ungesellige
und strenge Leben das Erbieten nicht,
das ihr in eures Blutes Glut gethan,
wenn Frost und Fasten und dieß rauhe Dach,

wenn dünne Kleider nicht abbrechen die
Prachtblüthen eurer Liebe, haltet ihr
die Probe aus, bleibt eure Liebe treu
dann, mit dem Ablauf eines Jahres kommt,
und fordert, fordert mich, durch das Verdienst.
Und bei der jungfräulichen Hand, die jetzt
die deine küßt, will ich die deine seyn,
und bis dahin mein kummervolles Selbst
in's Trauerhaus verschließen, und dort Thränen
der Klage regnen, bei Erinnerung
an meines Vaters Tod. Verweigert ihr's,
wohlan, so laßt uns scheiden jetzt, und sprecht:
Es hat an's Herz des Andern keiner Recht.

König.

Vermöcht' ich dieß, und mehr noch, zu versagen,
zu schmeicheln meinen Kräften durch die Ruh,
so mag der Tod mein Auge plötzlich schlagen.
Mein Herz gehört stets eurem Busen zu!

Biron.

Und was, Geliebte, was legt ihr mir auf?

Rosalina.

Auch ihr bedürft der Rein'gung. Eure Sünden
sind stinkend, und ihr seyd durch Frevelthat
und Meineid sehr befleckt. Darum, — begehrt
ihr meine Gunst, — sollt ihr der Monden zwölf

verwenden, nimmer ruhen und besuchen
die matten Betten des erkrankten Volks.

Dümain.

Und was, Geliebte, was legt ihr mir auf?

Katharina.

Ein Weib! — Gesundheit, Bart und Redlichkeit!
Dreifache Liebe wünscht euch diese Drei.

Dümain.

O, darf ich sagen: Dank euch! milde Jungfrau?

Katharina.

Nicht also, Herr! zwölf Monden und ein Tag,
eh' ich ein Wort von süßen Freiern mag;
die müssen erst vergehn. Dann, wenn der König
zu meiner Dame kommt, dann kommt auch ihr,
hab' ich alsdann viel Liebe, geb' ein Wenig
ich euch wohl auch.

Dümain.

Getreu verbleib' ich dir
und wahrhaft bis dahin.

Longaville.

Was sagt Marie?

Maria.

Am Ende von zwölf Monden, eher nie

vertausch' ich gegen einen treuen Freund
mein schwarzes Kleid.

Longaville.

Ich harre; doch mir scheint
die Zeit so lang.

Maria.

Um desto gleicher hier!
denn wenig Schlanke sind so jung, als ihr.

Biron.

Studirt ihr? Fräulein! blickt auf mich! beschaut
die Fenster meines Herzens, meine Augen;
wie eine demuthsvolle Bitte da
auf eure Antwort harrt. Legt einen Dienst
mir, eure Liebe zu gewinnen, auf.

Rosalina.

Oft hört' ich schon von euch, eh' ich euch sah,
Lord Biron, und der Welt freigeb'ge Zunge
verkündet euch: ein Mann voll Spötterei'n,
Vergleichungen und Hohn, der schwer verletzt,
und die ihr überall in Uebung setzt,
wo Gnad' und Ungnad' eures Witzes herrscht.
Um diesen Wermuth auszutilgen nun
aus eurem fruchtergiebigem Gehirn,
und um, wenn's euch gefällt, mich zu gewinnen,

— die ohne dies nicht zu gewinnen ist, —
begehr' ich: daß ihr in zwölf-Monden Frist,
von Tag zu Tage, die sprachlosen Kranken
besuchen und euch unterhalten sollt
mit Aechzenden; und euer Tagewerk
sey da, mit allem Feuer eures Witzes
die Schwachheit voller Pein zum Lächeln noch
zu zwingen.

Biron.

Wildes Lachen zu erzwingen
im Todesschlund, das kann nicht möglich seyn.
Die Seel' im Todeskampf berührt kein Scherz.

Rosalina.

Ha! so erdrückt man nur den Geist des Spotts,
deß Macht erzeugt der lockre Beifall nur,
der seichte Lacher einem Narrn gewährt.
Des Scherzes Glück beruht im Ohre dessen,
der ihn vernimmt; nie in der Zunge deß,
der ihn erregt. Wenn nun ein krankes Ohr
betäubt von seines Aechzen lautem Ton
noch hören mag auf euren witz'gen Hohn,
so fahrt nur fort, und haben will ich euch
mit eurem Fehl zugleich; — versagt es aber
euch das Gehör, so jagt den Geist davon,
und frei von diesem Fehler, find' ich euch,
mich innig freuend eurer Besserung.

Biron.

Zwölf Monden? Wohl! geschehe denn, was mag!
Ich scherze nun zwölf Monden Tag für Tag
im Krankenhaus.

Prinzessin.

Und nun, mein edler König,
empfehl' ich mich.

König.

Nein, Fürstin, noch ein wenig
geleiten wir euch all' auf eure Reise.

Biron.

Nicht endet unser Werben nach der Weise
des alten Lustspiels: Hans hat Greten nicht.
Wohl wär's gewesen dieser Damen Pflicht,
zu einem Lustspiel unsren Scherz zu machen.

König.

Ei, Herr, zwölf Monden und ein Tag! mit Lachen
ist's dann zu End'!

Biron.

Ein gar zu langes Spiel.

Armado tritt auf.

Armado. Holde Majestät, gewähret mir!
Prinzessin. Ist das nicht Hector?

Dümain. Der würd'ge Held vor Troja.

Armado. Ich wünsche euren königlichen Finger zu küssen, und mich zu beurlauben. Ich habe ein Gelübde. Ich habe Jaquenetten gelobt, ihrer süßen Liebe halber den Pflug drei Jahr lang zu führen. Aber, höchstgeachtete Größe! wollt ihr nicht den Dialog hören, den zwei gelehrte Männer zum Lobe der Eule und des Kukuks zusammengetragen haben? Er sollte am Schlusse unseres Schauspiels folgen.

König. Ruft sie schnell herbei. Wir wollen ihn anhören.

Armado. Holla! kommt herbei.

Holofernes, Nathaniel, Motte, Dickkopf und andre treten auf

Hol. Auf dieser Seite ist hiems, der Winter, hier, ver, der Frühling. Den einen behauptet die Eule, den andern der Kukuk. Ver beginne.

Gesang.

Frühling.

Wenn Tausendschönchen, Veilchen blau,
und Wassergresse silbern, blühn,
und Kukuksblumen gelb, im Thau
die Wiesen fröhlich rings umziehn;
der Kukuk jeden Ehrenmann
vom Baum verspottend, singet dann:

Kukuk!
Kukuk! Kukuk! Furchtbarer Laut,
vor welchem jedem Eh'mann graut!

Wenn tönt des Hirten Haferrohr,
und Lerchen sind des Pflügers Uhr;
wenn sich die Vögel schnäbeln froh,
und Mädchen bleichen auf der Flur.
Der Kukuk jedem Ehrenmann
vom Baum verspottend, singet dann:
Kukuk!
Kukuk! Kukuk! Furchtbarer Laut!
vor welchem jedem Eh'mann graut!

Winter.

Wenn Eis vom Dach herunter dringt,
die Nägel bläset Hans, der Hirt,
und Thomas Holz zum Saale bringt,
die Milch im Eimer eisig wird;
wenn's Blut erstarrt, die Wege schlecht,
dann schreit die starre Eul' bei Nacht:
tu hu!
tu huitt, tu hu! ein lustig Lied,
indeß Johann die Suppe brüht.

Wenn Wind durchbraust das Thal, die Höh',
der Husten hemmt des Pfarrers Mund,

der Vogel brütend sitzt im Schnee,
und Hannens Nas' ist roth und wund;
der Ofen Aepfel braten macht,
dann schreit die starre Eul' bei Nacht:
tu hu!
tu huitt, tu hu! ein lustig Lied,
indeß Johann die Suppe brüht.

Armado. Die Worte Merkurs sind rauh, nach den Gesängen Apolls. Ihr dorthin, wir hierhin.

Alle gehen ab.

Der Vorhang fällt.

Anmerkungen.

1) Plodders lieset der Text, und es wird dadurch dasselbe ausgedrückt, was das Wort: sich placken, mühevoll anstrengen, bedeutet.

2) Uebersetzer stimmt der Theobald'schen Meinung bei, welche diese Worte dem Biron in den Mund legt, obgleich sie nach den alten Ausgaben dem Longaville zugeschrieben werden. Longaville würde durch sie mit sich selbst in Widerspruch gerathen: dagegen sind sie den bisherigen Aeußerungen Birons durchaus und allein angemessen.

3) A high hope for a low heaven, lesen die alten Ausgaben dieses Schauspiels: Theobald schlug vor, statt heaven, Himmel, having, haben, zu lesen, und dieß ist auch ohne Zweifel die richtige Leseart, wenn Steevens gleich auch ersteres durch die weit hergeholte Bemerkung rechtfertigen zu können, meint: daß es sich auf einen geringeren Grad himmlischer Glückseligkeit beziehen könne, die den Anhängern Muhameds in verschiedenen Abstufungen zugesagt sey.

4) Der Text lieset: well, sir, be it as the stile shall give us cause to climb in the merriness. Im

Worte stile liegt ein Wortspiel. Es heißt: eine Steige und der Styl. Wenn uns der Steig, der von einem Abhange zum andern führt, Gelegenheit zum Frohsinn überzugehen giebt, so wollen wir ihn genießen; oder wenn Armados hochtrabender Styl uns Gelegenheit zum Scherze giebt, so wollen wir sie nutzen. Uebersetzer suchte beides in der Uebersetzung auf eine andre Weise zu verbinden, da dieß durch einen und denselben Ausdruck nicht zu bewirken war.

5) Die unsrem Dichter gleichzeitigen Schriftsteller erwähnen oft des Pferdes, welches ein gewisser Bankes zu allerlei Künsten, zum Tanzen, Wahrsagen u. s. w. abgerichtet hatte. Dieses Pferd wird auch hier gemeint.

6) Light in the light lieset der Text; light heißt nämlich das Licht und leicht. Er will sagen: vielleicht leichtfertig, wenn man sie bei Licht besieht.

7) Two hot sheeps sagt Maria, und Boyet fragt where fore not ships? Beide Worte, von denen das erstere, Schafe, das letztere, Schiffe heißt, werden fast gleich, und das erstere nur mit einem gedehnteren i ausgesprochen. Die Doppeldeutigkeit ist daher im Englischen auffallender.

8) Der Text lieset: my lips are no common through several they be. Johnson erklärte die Stelle so: several heiße das geschlossene Feld eines Privateigenthümers, und so wolle denn Maria sagen: ihre Lip-

pen wären kein Gemeingut, sondern ein Privateigenthum, und Steevens tritt ihm hierin bei. James erklärt dieß für einen Irrthum, und zeigt, daß in Warwikshire eine Dreifelderwirthschaft eingeführt sey. Das eine Feld werde als Kornfeld, das zweite, als Wiese, das dritte als Weide genutzt. Die beiden ersten würden several genennt, wären aber keineswegs eingehegt, sondern nur durch die Hirten werde dafür gesorgt, daß sie nicht behütet würden, wogegen der Bulle die Freiheit habe, in allen drei Feldern zu weiden.

9) Wie man wohl an den Rand eines Buchs seine Bemerkungen schreibt, was nach Malones Versicherung zur Zeit des Dichters sehr üblich gewesen seyn soll.

10) Der Gesang selbst ist nicht angegeben. Bloß das Wort concolinel ohne alle Bedeutung ist im Text angeführt. Schon Steevens bemerkt, daß dieß sehr häufig von den altenglischen Dramatikern so geschehe, die den Schauspielern die Wahl des Gesangs überlassen.

11) Der Text lieset: a french brawl, worauf Armado fragt, was er mit dem brawling in french meine; brawl, heißt ursprünglich ein ungestümes Gezänk; aus einem Schauspiel von Massinger: the Picture, aber lernen wir, daß the french brawl ein Tanz war, den Massinger eine äffische Nachahmung des Schlachtgewühls nennt. Einfach die Sache genommen, ist brawl auch ein Rundtanz. (französisch branle). Was für eine Art

Rundtanz es gewesen ist, ergiebt sich so ziemlich aus Mottes Erläuterung.

12) Wie alte Mahler, nach Steevens Bemerkung, ihren menschlichen Darstellungen, die Hand in die Tasche oder in einen andern Theil des Kleides zu stecken pflegen, um der Mühe der Darstellung zu entgehen, oder weil sie derselben keine angemessene Darstellung zu geben wußten.

13) Diese Notenzahl im Text ist überflüssig.

14) Die alte Kopie dieses Schauspiels lieset: by my pen of observation, und giebt keinen Sinn. Hanmer setzte dafür penny. Schon vor des Dichters Zeit gab es ein Lustspiel: the Pennyworth of wit, der Pfennigswerth des Witzes, welches die Conjectur unterstützt.

15) S. 219. Z. 3. v. u. Bei der Feier des Maientages fanden mancherlei Spiele statt; unter andern ward die Jungfrau Maria mit einem Mönche und einem Menschen, der auf einem Steckenpferde ritt, dabei vorgestellt. Nach der Reformation in England wurde diese Darstellung weggelassen, und da dieß viele bedauerten, so erschien eine Grabschrift auf das Steckenpferd, die auch die Worte enthielt: But O — but O. Indem Armado diese Worte spricht, fällt seinem Edelknaben die Grabschrift ein, und er setzt die Seufzer desselben fort.

15) S. 222. Z. 11. v. u. Der Ausdruck l'envoy, ist aus der älteren französischen Dichtkunst genommen. Er wurde

allemal gebraucht, um in den Schlußversen eines Gedichts, die sich daraus ergebende Moral oder Nutzanwendung zu bezeichnen. Die ganze Stelle ist mithin so zu verstehen. Motte erzählt als ein Wunder, daß der Kopf ein Bein gebrochen habe. Armado, der die Witzeleien seines Edelknaben kennt, ahnet, daß er damit etwas besondres meine, und fordert ihn auf, sich deutlicher zu erklären. Der Schäfer, der an nichts denkt, als an seine Verletzung, versteht die Worte aenigma, Räthsel, und l'envoy nicht, und glaubt Armado frage nach Heilmitteln dieses Namens: er erklärt, daß er dergleichen Dinge so wenig, als Salbe bei sich habe, und bloß Wegerich zu seiner Heilung bedürfe, worüber sich Armado hernach lustig macht, und der Einfalt spottet, welche glaubt, l'envoy sey eine Salbe.

16) Like the sequel I. lieset der Text. Theobald erklärte diese Worte dergestalt: Sequelle bedeute in der französischen Sprache das Gefolge eines großen Mannes. Motte mache also den Armado lächerlich, indem er sage: er allein sey dessen ganzes Gefolge. Steevens erklärt dieß für ganz unrichtig und behauptet, sequelle bedeute in französischer Sprache die Bande eines Straßenräubers, und in dieser Beziehung gebrauche Motte das Wort. Heath nimmt die Sache ganz einfach und versteht unter sequel die Folge eines vorausgegangenen Satzes, und Mason erklärt diesen Ausdruck aus dem Ge=

brauch alter Schriftsteller, die nach der Erzählung einer Geschichte, noch eine Schlußfolge anführten, so wie Hamlet in der 2. Scene des 3. Aufzugs zu Rosenkranz sagt: but is then no sequel at the heels of this mothers admonition? Folgt aber kein Nachsatz dieser mütterlichen Warnung auf dem Fuße nach?

17) Great general of trotting paritors, lieset der Text. Paritors heißen im Englischen diejenigen Gerichtsdiener, welche die Partheien zu den gerichtlichen Verhandlungen der bischöflichen Gerichtshöfe vorladen, von welchen die Streitigkeiten entschieden wurden, welche aus den Verhältnissen unehelicher Verbindungen entsprangen.

18) Like a tumbler's hoop. Johnson erklärt diese Worte dahin: wie der Seiltänzer seinen Reifen um die Schulter gehängt trägt. Dagegen nimmt Tollet an, daß die Reifen der Seiltänzer vielleicht mit Bändern von der Farbe ihrer Herren geziert gewesen seyn könnten. Uebrigens ist die Redensart: Iemandes Farbe tragen, ganz verständlich, und heißt so viel, als in Jemandes Diensten stehen.

19) In einem englischen Buche, unter dem Titel Human industrie am Doctor Powel aus dem Jahre 1661. heißt es: In einigen Städten von Deutschland sind sehr seltene und mit großem Fleiß verfertigte Uhren in den Stadthäusern zu sehen, an denen man die Astro=

nomie studiren kann, ohne je zum Himmel aufzublicken. Im Stadthause zu Prag ist eine Uhr, welche die jährlichen Bewegungen der Sonne und des Mondes, die Namen und die Zahl der Monate, Tage und Festtage des ganzen Jahrs, den Sonnen = Auf = und Untergang durch das ganze Jahr, die Tag = und Nachtgleichen, die Länge der Tage und Nächte, den Auf = und Untergang der zwölf Zeichen des Thierkreises u. s. w. anzeigt.

20) Sie meint: von der Genossenschaft des Königs.

21) Der Text lieset a monarcho. Dies war der Name eines Mannes, den mehrere alt englische Schriftsteller als einen höchst abentheuerlichen Narren schildern.

22) Guinevra war die Gemahlin des Königs Arthur, bekannt wegen ihrer Untreue gegen ihren Gemahl.

23) Warburton, Farmer und Steevens haben hinreichend dargethan, daß der Dichter in Holofernes einen zu seiner Zeit lebenden, höchst pedantischen Lehrer der italienischen Sprache, Namens Johann Florio, darstellte, der mit sehr großer Anmaßung auftrat, und selbst Shakespear angriff.

24) D. h. das glaub ich nicht.

25) Pricket, ein 2jähriger Hirsch oder Spießer.

26) D. h. machen.

27) Bis coctus, zweimal gekocht.

28) D. h. fahrt fort.

29) Die Verse des Textes waren durchaus nicht getreu, in der That gar nicht zu übersetzen. Sie lauten so:

The praisefull princeſs pierc'd and prick'd a pretty
pleasing pricket;
some say, a sore; but not a sore, till now
made sore with shooting.
The dogs did yell, put L. to sore, then sorel
jumps from thicket,
or pricket, sore or else sorel; the people fall
a hooting.
If sore be sore; then L. to sore makes fifty sores;
O sore L.
of one sore L. an hundred make, by adding
but one more L.

Wörtlich heißt dieß:

Die preißwürdige Prinzessin hat einen artigen, anmuthigen Spießer geschossen und gespießt. Einige sagen, einen Hirsch von 4 Jahren (a sore) aber keine Wunde (sore) bis daß er jetzt durch den Schuß verwundet ward. Die Hunde heulten! — setzt ein l, zum Wort sore, so springt ein 3 jähriger Hirsch (a sorel) aus dem Dickigt. Sey's nun ein Spießer, ein 4 oder 3jähriger Hirsch, so jauchzt das Volk. Ist Wunde, Wunde, so macht ein L. dazu, 50 Wunden; o wundes L. Ich mache von einer Wunde hundert, wenn ich nur ein L. mehr beifüge.

Um nun den beabsichtigten Scherz völlig zu verstehen, muß man wissen, wie der Hirsch in seinem verschiedenen Alter in England benennt wird. Im ersten Jahre heißt der Hirsch, faron, ein Hirschkalb; im zweiten, pricket, Spießer, im dritten, sorel, ein 3jähriger, im vierten, soare oder sore, ein 4jähriger, im fünften, a buck from the first head, ein Bock vom ersten Haupt, im sechsten, a complete buck, ein vollkommner Bock. Sore heißt also ein 4jähriger Hirsch, sorel ein 3jähriger sore heißt aber auch die Wunde. Aus einem 4jährigen Hirsch wird aber durch Beifügung des Buchstabens l. ein 3jähriger. L. ist das römische Zeichen für 50, und wenn man also eine Wunde oder das Wort sore mit einem L bezeichnet, so werden daraus 50 Wunden, und wenn man das L verdoppelt, 100 Wunden.

Schon hieraus ist völlig klar, daß eine treue Uebersetzung nicht möglich war. Die beste Uebersetzung hat Göthe in seinem Leben. Th. III. pag. 117. angeführt.

30) Talent und talon, ersteres Talent, letzteres die Klaue eines Raubvogels, wurde zur Zeit des Dichters gleich ausgesprochen. Stock versteht nicht, was Nathaniel sagt, und verdreht das Wort auf seine Weise.

31) D. h. die feine Hirnhaut.

32) Ein bei den Römern sehr gewöhnlicher Schwur. Beim Herkules!

33) D. h. der Mann ist weise, der wenig spricht. Die Zweideutigkeit des Wortes capable, empfänglich, die hier beabsichtigt wird, ist klar; auch Nathaniel gab dazu schon Veranlassung.

34) Jaquenette redet den Pfarrer mit den Worten an: master person statt parson Person, welches sie wahrscheinlich Pirsen ausspricht, ist das deutsche Wort Person; parson heißt Pfarrer. Holofernes spielt mit dem Wort pierce on, anbohren; daher mußte nun dem deutschen Wort Pfarrer einige Gewalt geschehen, da sonst das Wortspiel, welches Dickkopf fortsetzt, ganz verloren gehen würde.

35) Glücklich, ich flehe, wenn die ganze Heerde unter dem kühlen Schatten wiederkäut, — so beginnt eine Ekloge des Babtista Spaniolo, von seiner Vaterstadt Mantua, der Mantuaner genannt, der am Ende des 15. Jahrhunderts dichtete. Alle Ausgaben geben diese Worte dem Nathaniel, bis Thirlsbey solche dem Holofernes beilegte, dem sie auch wohl ohne Zweifel gebühren.

36) Venedig! wer dich nicht sahe, der kann dich nicht preisen.

37) D. h. Leset, Herr.

38) Caret, fehlt.

39) Imitari, nachahmen.

40) Hier hat der Dichter vergessen, daß Jaquenette von Biron nichts weiß, und daß sie kurz vorher erst sagte: sie habe den Brief durch Dickkopf von Don Armado erhalten.

41) Der Anfang eines alten Liedes.

42) D. h. was, ohne besondern Werth zu haben, nur herausgeputzt ist.

43) Der italienische Ausdruck für Willkommen.

44) Pauca verba, d. h. wenig Worte.

45) They have pitchd a toil, I am toiling in a pitch lieset der Text. To pitch heißt nämlich: aufstellen, befestigen; the pitch, das Pech. Dieß giebt ein Wortspiel, das, wenn es die Sprache erlaubte, so übersetzt werden müßte: Sie haben ein Netz aufgepicht, und ich bin in Pech eingenetzt. Daß Biron auf seine brünette Schöne anspielt, bedarf keiner Erläuterung.

46) Ajax Oileus, einer der homerischen griechischen Helden, vor Troja.

47) Es war die Strafe des Meineids, daß der Verbrecher mit einer Tafel, auf der sein Verbrechen bezeichnet war, ausgestellt ward. So bestrafte wenigstens der Kardinal Wolsey nach Holinshed den Meineid.

48) Die Herrschaft der drei Herren, welche kurz vor dem Umsturze der republikanischen Verfassung Roms, das Kaiserthum vorbereitete.

49) Shop lesen die alten Ausgaben; Theobald änderte dieß und las slop, Schifferhosen, weil er keinen Sinn in der älteren Leseart finden konnte. Farmer, Steevens und andre folgten ihm, ungeachtet nicht zu begreifen ist, wie das willkührlich gewählte Wort einen bessern Sinn giebt. Biron sagt: So lange ein Liebender seine Schöne noch besingt, so lange ist seine Liebe noch geistiger Natur; läßt diese Begeisterung nach, so wird seine Liebe roh-sinnlich. So scheint die alte Leseart ganz passend, shop hat unter andern die Bedeutung einer Werkstatt, und so sind dann im unzüchtigen Sinne der Bemerkung Birons, die Hosen allerdings eine Werkstatt des Kupido zu nennen.

50) Die Leber war, nach der Meinung der Zeit unsres Dichters, der Sitz der Leidenschaft der Liebe.

51) To see a king transformed to a gnat. Theobald und die auf ihn folgenden Herausgeber Shakespears lesen statt gnat, Mücke, knot, Knoten, Schlinge; verwandelt in einen Knoten, oder wie einer, der mit verschränkten Armen dasteht. Johnson will sot lesen, einen Narren. Tollet bleibt bei der Leseart der alten Kopie dieses Schauspiels, und erklärt den Sinn durch das Evangelium Matthäus im 24. Verse des 23. Kapitels, wo Christus zu den Pharisäern sagt:

Ihr verblendeten Leiter, die ihr Mücken säugt und Kameele verschluckt. Heath meint: Biron spiele auf das Dichten des Königs an, und nenne ihn eine Mücke, welche, so wie sie fliegt, summe. Allein wozu hier eine Verbesserung und Erklärung, wo der Sinn vollkommen klar ist. Biron sagt hier: Er, der König habe in seinem Gedicht viel mit Licht gespielt, und an diesem Licht die Flügel verbrannt.

52) Er, der sonst als Kind schon Schlangen würgte, und Löwen zähmte.

53) Der das Buch der Weisheit schrieb, schreibt nun Liebesgedichte.

54) Der Homerische Greis, der die Weisheit von Jahrhunderten in sich faßte.

55) Ein Athenienser, bekannt wegen seines Menschenhasses und hier Kritiker genannt, weil er die Handlungen der Menschen verspottete.

56) Prometheus, der Sohn des Japetus, bildete nach der Deukalionischen Fluth das Menschengeschlecht, und entwendete das Feuer vom Himmel.

57) Of beauteous beautys lieset der Text. Hanmer änderte das letzte Wort willkührlich in tutors. Warum solche Willkühr, und wie läßt sie sich bei der Klarheit des Sinns der alten Leseart rechtfertigen?

58) When the suspicious head of theft is stopt. Diese Worte sind verschieden ausgelegt. War-

burton, Mason und Malone beziehen sie auf die Furcht des Diebes, der ertappt zu werden besorgt ist. Farmer und Steevens erklären sie in der Art, wie ich übersetzt habe. Argwöhnisch ist der Dieb nicht, sondern furchtsam.

59) Die Töchter des Atlas, welche die goldnen Aepfel aufbewahrten.

60) Ein Ungeheuer, mit einem Menschenhaupt, Flügeln und Adlersklauen. Es gab den Reisenden ein Räthsel auf, und zerriß diejenigen, die es nicht zu lösen vermochten.

61) Der Text lieset:

and when love speaks, the voice of all the gods
make heaven drowsy with the harmony.

Ueber dessen Erklärung sind sehr viele Meinungen aufgestellt. Warburton findet völligen Unsinn darin. Er meint sie dergestalt zu erklären: Die Liebe sey nach der Mythologie die Erzeugerin aller Götter; in ihrer Sprache wären daher alle Sprachen der Götter enthalten. So will er denn lesen:

and when love speaks the voice of all the gods
mark, heaven drowsy with the harmony.

und wenn die Liebe die Stimme aller Götter ausspricht,
siehe so ist der Himmel schlaftrunken durch die Harmonie.

Steevens vermuthet, der Dichter habe nichts sagen wollen, als: Wenn die Liebe spricht, so beruhigen die versammelten Götter die Elemente des Firmaments durch den harmonischen Beifall, den sie der Liebe gewähren, — und eine ähnliche Erklärung giebt auch Heath. Dagegen bemerkt der erstere, daß die Bemerkung Collins: die Stimme der vereinten Götter könne nur Schläfrigkeit erregen, verglichen mit den lieblichen Wirkungen der Stimme der Liebe, dem Sinn der ganzen Stelle völlig anpassend sey. Offenbar ist diese Erklärung die natürlichste und einfachste: und Uebersetzer folgte ihr deshalb ganz unbedenklich.

62) Warburton läßt hier die zwei Verse: »Wenn Weiberauge &c.« ganz aus, in der Meinung: daß sie nur eine ganz unnöthige Wiederholung wären. Mason bemerkte schon sehr richtig, daß der Dichter absichtlich die Hauptmomente seiner Beweisführung den Biron wiederholen lasse.

63) Warburton war hier wieder in großer Verlegenheit. Wie kann ein Wort alle Menschen lieben? Er lieset daher: a word all women love; ein Wort, das alle Weiber lieben. Malone bemerkt sehr richtig, daß es solcher Aenderung nicht bedürfe.

64) D. h. den Feind im Auge und die Sonne im Rücken, damit sie nicht blende.

63b) D. h. der Genügsame hat stets genug.

64b) D. h. Ich kenne den Menschen, wie ich dich kenne.

65) Too picked zugepickt, lieset der Text. Ueber die eigentliche Bedeutung des Worts picked sind verschiedene Meinungen aufgestellt. Johnson verstand es von der Art, wie zur Zeit des Dichters manche Reisende ihren Bart schoren, um aufzufallen. Steevens von einer damals üblichen Art Schuhe, Tyrwhitt vom Putzen der Vögel. Diese Erklärung ist offenbar die richtige und passendste, und dem Sinn derselben folgte der Uebersetzer.

66) D. h. versteht ihr mich, Herr?

67) D. h. Gottlob, ich verstehe es sehr wohl.

68) Die Redensart: Diminuis Prisciani caput, wurde oft von solchen angewendet, welche fehlerhaft lateinisch sprachen.

69) Seht ihr, wer da kommt?

70) Ich sehe es, und freue mich darüber.

71) Quare, weshalb.

72) Ein Wort ohne allen Sinn, welches bei den englischen Schriftstellern oft gebraucht wird, um etwas anzudeuten, was vieltönend, aber inhaltslos ist.

73) Thou art easier swallowed than a flap dragon lieset der Text. Flap dragon heißt ein Spiel, in welchem Rosinen aus brennendem Brantwein gefangen, die Flamme durch Schließung des Mundes gelöscht, und die Rosinen gegessen werden.

74) D. h. Kindheit.

75) D. h. Wer? wer? du Mitlauter.

76) Der Text läßt gleich nach den Worten quis quis. Wer? Wer? du Konsonant! — den Motte sagen. The last of the five vowels, if you repeat them, or the fife if I.

Der letzte von den fünf Vokalen, wenn ihr sie wiederholt, oder der fünfte, wenn ich es thue. Theobald setzte statt the last, der Letzte, the third, der dritte, und erklärt die Stelle, als Holofernes sagt: Ich will sie wiederholen, a. e. i. und Motte erwiedert: the sheep, the other two concludes it o. u. — dergestalt: Wenn ihr fragt, wer ist hier ein Schaf, so werdet ihr die Antwort finden, wenn ihr den letzten Vokal ausspreche, oder wenn ich den fünften ausspreche u. — denn u wird von den Engländern wie you ausgesprochen, und dieses Wort bedeutet: ihr; oder nach Theobalds Leseart: der dritte von den fünf Vokalen, wenn ihr sie aussprecht. Dieser heißt nämlich i., und i. bedeutet im englischen, Ich; und der fünfte, wenn ich sie aufsage, nämlich u., ausgesprochen you, deutsch: ihr. Als nun Holofernes den dritten Vokal nennt, erinnert Motte, da habe er das Schaf bezeichnet: und fährt fort: o. u. beschließen es, nämlich: O, ihr! und so sey er denn jedenfalls das Schaf. In deutscher Sprache ließ sich dieses Wortspiel natürlich nicht eben so wiedergeben. Uebersetzer mußte daher zu den Vokalen die nöthigen Konsonanten zusetzen, um das Gleiche zu geben.

77) D. h. rings herum.

78) Au dunghill, am Misthaufen, sagt Dickkopf im englischen Text, statt ad unguem.

79) Er will sagen: laßt uns zur Sache kommen; laßt uns vorschreiten.

80) D. h. Ohne Frage.

81) Zu deutsch: am Hintern des Tags.

82) Ueber die eigentliche Meinung dieser Worte, sind mehrere Vermuthungen aufgestellt. Offenbar ist es, daß Holofernes aus Achtung für einen Herrn vom Hofe seinen Hut abgenommen hat. Armado zeigt sich in seiner ganzen Narrheit, als er in demselben Augenblick, wo er mit seinem Verhältnisse zum Könige prahlt, zu verstehen giebt, daß er Anspruch auf besondre Höflichkeitsbezeugungen habe, und dem Holofernes zuredet, daran zu denken, daß er ihm Höflichkeit genug bezeugt habe, und den Hut nun immer wieder aufsetzen könne.

83) Excrement, Auswurf. Auch im Kaufmann von Venedig nennt unser Dichter den Bart: Excrement der Stärke.

84) D. h. Irrthum.

85) Ein italienischer Ausdruck, der so viel bedeutet als: muthig! frisch!

86) Der Text lieset: **you'll mar the light by taking in snuff; therefore etc.** Snuff ist hier im Doppelsinn genommen für Aerger und Lichtschnupfe. So ist auch das Wort verschnupfen im Deutschen gleich doppelsinnig.

87) Die alte Kopie dieses Schauspiels lieset: **past care is still past cure.** Dr. Thilby versetzte die Worte **past cure is still past care**, vorübergegangene Heilung ist immer vorübergegangene Sorge. Allein es ist keine Veranlassung zu dieser Abänderung. Allerdings, meint Rosaline, darf ich keine Sorge um dich haben, denn wo die Sorge schon gehoben ist, da bedarf es nicht erst der Heilung; oder wo man keine Ursache hat, besorgt zu seyn, warum sollte man da erst auf Mittel denken, das zu heben, was schon gehoben ist.

88) Rosaline, deren dunkle Gesichtsfarbe hier, wie so oft in diesem Schauspiel, der Gegenstand des Witzes ist, will sich an Katharina rächen, und nennt sie den rothen Buchstaben, der den Sonntag im Kalender bezeichnet, weil sie sich schminkt.

89) Die alten Kopien dieses Schauspiels geben diese Worte der Prinzessin. Theobald legte sie Katharinen bei. Ein zureichender Grund dazu ist nicht vorhanden.

Katharina war von den Pockengruben gezeichnet, darauf deutet Rosaline hin. Das O braucht Shakespear oft um einen Kreis oder Oval zu bezeichnen.

89) And make him proud to make me proud that jests lieset der Text, und der Sinn dieser Worte ist dunkel. Im Edinbourgh Magazine vom November 1786. ward dieser Vers schon dahin interpretirt: I would make him proud to flatter me, who make a mock of his flattery. Ich wollte ihn stolz darauf machen, daß er mir schmeicheln kann, da ich seine Schmeicheleien verachte, und in diesem Sinn, den auch Steevens annimmt, übersetzte ich.

90) So pertaunt like would I o'ersway his state lesen die alten Ausgaben. Dieß hielt Warburton für Unsinn, und las portent like; gleich einer bösen Vorbedeutung wollt' ich seinen Staat überwältigen. Doux bemerkte schon, daß diese Aenderung unnöthig sey, und erklärte die Stelle, wie sie hier übersetzt ist.

91) Der heilige Dionisius war der Schutzpatron von Frankreich. Die Prinzeß ruft ihn gegen den König auf, dessen Schutzgott Kupido ist, weil er um ihre Liebe wirbt.

92) Alle Herausgeber des Dichters legen diese Worte Biron bei; nur Theobald hält dieß für abgeschmackt, weil Biron einer der Anbeter der Damen sey, der eine solche Bemerkung schwerlich machen werde. Allein dieß ist kein

Grund. Biron ist bestimmt, die Ironie dieses ganzen Schauspiels am lebhaftesten auszusprechen, und ihm ist diese Bemerkung ganz angemessen.

93) Der Text ist unübersetzbar. Veal, quoth the Dutchmann; is not veal a calf? Veal soll wahrscheinlich für well stehen. Veal heißt Kalbfleisch, und daher fragt Katharina: ist nicht veal eben das, was Kalbfleisch ist?. Wie gesucht die Worte sind, um die folgenden Späße herbeizuführen, ist einleuchtend. Die Uebersetzung konnte nur etwas Aehnliches geben, und die Aussprache einiger Niederländer: woll statt wohl; dann die Aussprache der Franzosen, die das h verschweigen, gaben die Veranlassung zu dem Scherze, der auch im Deutschen eben so unerheblich seyn konnte, als im englischen Text.

94) No point lieset der Text. Diese Redensart war in älterer Zeit in England sehr gewöhnlich, und hieß so viel, als Punktum! Nichts mehr davon gesprochen. Point heißt auch Spitze, und ist hier ein Wortspiel in Beziehung auf Degen.

95) Plain statute caps lieset der Text. Flache Statuten- oder gesetzmäßige Mützen; oder solche, die in den Luxusgesetzen angeordnet sind; welche in England ehemals den höhern Ständen erhabene, mit Federn gezierte Kopfbedeckungen, den gewöhnlichen Bürgern aber niedrige und einfache anordneten. Rosaline will also

sagen: mancher gemeine Mensch ist witziger, als diese vornehmen Herren.

96) Im Text sagt die Prinzeß: fair in all hail is foul as I conceive, schön in allem Hagel ist garstig, wie ich meine. Hail heißt nämlich Heil, und Hagel. Das Wortspiel konnte daher nur ähnlich wiedergegeben werden.

96 b) Sans, ein französisches Wort, deutsch: ohne. Biron verschwor es nur noch eben, sich keiner gezierten Redensarten bedienen zu wollen, da er nun im nämlichen Augenblick statt: ohne Bruch, sich des Ausdrucks sans Bruch bedient, so tadelt ihn Rosaline und will, er solle ohne sans, also sans sans sprechen. Vielleicht will sie ihn auch damit aufziehen, weil sans (ohne) klingt wie sens (Sinn), also ohne Sinn heißen kann.

97) So lautete die Inschrift über der Thüre solcher Häuser, welche von der Pest ergriffen waren.

98) Nämlich die Zeichen der Pest, oder diejenigen Kennzeichen, welche die Ansteckung verrathen. Er meint die Geschenke, welche die Damen von ihnen erhalten haben.

99) Der Text lieset: some Dick, irgend ein Richard, that smiles his cheek in years. Dick oder Richard war der Name eines berühmten Sängers, der für 20 Schillinge des Tags in Essex auf dem Jahrmarkte sang, und auf den mehrere altenglische Schriftsteller anspielen. Ueber die Bedeutung der Worte in yearr sind mehrere

Meinungen geäußert, am wahrscheinlichsten ist die des Warburton und Steevens, der auch Uebersetzer folgte.

100) Natürlich will er präsentiren, vorstellen sagen.

101) Er will wohl sagen, mit Permission, mit Erlaubniß.

102) You cannot beg us lieset der Text; das heißt so viel als: wir sind keine Wahnsinnige, auf deren Bevormundung die nächsten Anverwandten antragen können. Eine der Prüfungen über den Gemüthszustand eines solchen Unglücklichen war der Versuch, ob er zählen könne. Darauf bezieht sich diese Redensart, die nur hiedurch allein verständlich wird.

103) D. h. dem Kriegesglück.

104) Abate a throw at novum lieset der Text. Diese Redensart ist vom Würfelspiel hergenommen, welches den Namen novum führte.

105) Dergleichen Vorstellungen waren in alten Zeiten zu Weihnachten und andern Festen sehr gewöhnlich.

106) Eine Anspielung auf den Schmuck der alten Helden, welche die Häute wilder Thiere trugen, und zwar die Köpfe derselben auf den Elnbogen oder Knieen.

107) Bekanntlich wird erzählt, daß dem Alexander das Haupt nicht gerade auf der Schulter gestanden habe.

108) Er will sagen canem, den Hund.

109) Manus, die Hand.

110) Dieweil.

111) Daher, oder so:

112) Im Text sagt Holofernes: begin, sir, you are elder, und Biron antwortet: well followd, Judas was hangd on a elder. Holofernes sagt daher eigentlich: Ihr seyd älter, wie ich, darum müßt ihr auch erst hängen. Biron nimmt das Wort elder, welches älter, aber auch Hollunder heißt in letzter Bedeutung. Dieß Wortspiel ließ sich nur ähnlich wieder geben.

113) For the as to the Jude lieset der Text. Biron nannte den Holofernes Jude statt Judas. Er ließt also die Sylbe as fort. As heißt im Englischen Esel, und so entstand ein Wortspiel: Wenn man zum Wort Jud', das Wort as, oder Esel setzt, so heißt es Judas. In diesem Sinn mußte die Uebersetzung die ersten beiden Buchstaben von asinus nehmen, die auch as lauten.

114) Zu Shakespears Zeiten scheint der Name Trojaner die Benennung eines Schelmen zu seyn.

115) Jemanden eine Orange mit Gewürznäglein besteckt, zum Neujahr zu verehren, scheint in England

vor Alters Sitte gewesen zu seyn. Würznägel heißen im Englischen cloves, gespalten, cloven.

116) Dümain versteht den Boyet absichtlich falsch, ünd da er vom Maaße des Fußes spricht, so spricht er von der Ruthe, und macht den Scherz zweideutig.

117) Ate hieß die unheilbringende Göttin, die zu Blutvergießen anreitzte.

Abhandlung

über das Schauspiel:

Der Liebe verlorne Mühe.

Das vorliegende Schauspiel scheint auch in Absicht der ihm zum Grunde liegenden Fabel unsrem Dichter ganz anzugehören, da aller Bemühungen ungeachtet, noch keine Novelle aufgefunden worden ist, nach welcher es bearbeitet seyn könnte. Die meisten Herausgeber und Erklärer Shakespears haben es seiner unwürdig erachtet, und nur Johnson bemerkte, daß, obgleich mehrere gemeine, kindische und pöbelhafte Stellen sich darin befänden, doch auch auf der andern Seite überall vielfache Spuren seines Genius zerstreut wären.

Man hält wenigstens dieses Schauspiel für eine Jugendarbeit des Dichters, und selbst August Schlegel ist dieser Meinung und weiset demselben nicht die Stelle an, die ihm gebührt.

Ein König von Navarra beschließt mit seinen Hofleuten, sich mehrere Jahre ausschließend den Wissenschaften zu weihen, alles Geräusch, alle Vergnügungen, und mit diesen auch die Frauen von seinem Hofe zu verbannen. Er scheint die Sache sehr ernst anzugreifen, und beschwört mit seinen Freunden ein Gelübde, zu welchem sie alle, mit Ausnahme eines Einzigen, sich höchst leichtsinnig verpflichten. Dieser Einzige, Namens Biron, zeigt die Lächerlichkeit eines solchen Vorhabens, tritt aber dennoch dem Bunde bei, in der Ueberzeugung, daß der Schwur, der geleistet werden muß, wohl werde umgangen werden können.

Kaum haben sie sich sämmtlich vereinigt, als sich sogleich ein Umstand ereignet, der einen Theil ihres Gelübdes wieder aufhebt. Die Tochter des Königs von Frankreich kommt an den Hof, um eine Staatsangelegenheit zu betreiben, und unmöglich kann der König ihr und ihren Damen den Zutritt versagen. Kaum erblickt der König die Fürstin, und seine Begleiter gewahren ihr Gefolge, als sie sogleich alle von der Liebe befangen werden, und ihres Gelübdes uneingedenk, nur ihrer Leidenschaft zu genügen sinnen; sich jedoch wohl hüten, ihre Gefühle einander zu verrathen. Allein der Zufall verräth sie einander, und Biron, der sich zuletzt auch als meineidig bekennen muß, weiß nun mit eben der Leichtigkeit, mit welcher das Gelübde beschworen ward, sie davon zu entbinden.

Jetzt halten sie alle Hindernisse ihrer Liebe für gehoben; allein die Damen weisen sie mit gerechtem Spotte ab, und gewähren ihnen nur die Hoffnung künftig, wenn sie sich männlicher und edler betragen, ihre Wünsche erreicht zu sehen.

Mit welcher Ironie ist hier die eingebildete Weisheit zu nichte gemacht. Der weiseste unter allen, Biron, von dem man, da er zuerst die Nichtigkeit des Gelübdes einsieht, erwarten kann, daß er ausharren werde, da er sich demselben dennoch unterwirft; ist einer der ersten, der der Macht der Leidenschaft nicht zu widerstehen vermag; und so erscheinen denn vollends die andren, die gar kein Bedenken fanden, sich einer Prüfung ihrer Beständigkeit zu unterwerfen, in einem wirklich kläglichen Lichte und müssen sich zur Buße bereit finden, welche die Damen mit höherem Ernst ihnen auflegen.

So wie die Hauptpersonen dem Zweck des Schauspiels durchaus entsprechend geschildert sind, so sind auch die Nebenpersonen; ein prahlhafter hochtrabender Narr, ein pedantischer Schulmeister, der gewitzigte Edelknabe Armados, wahrhaft ergötzlich dargestellt, und über alle Verhältnisse waltet der Geist des erhabnen Dichters so, daß nicht zu begreifen ist, wie man dieß Schauspiel so tief herabsetzen, und den Gesichtspunkt so ganz verlieren konnte.

Daß mitunter unbedeutende, und selbst bedeutende Späße vorfallen, das sind wir aus den herrlichsten Dichtungen Shakespears gewohnt, und selbst die allgemein als höchst bedeutend anerkannten, sind davon nicht frei, allein diese Flecken verschwinden vor der Fülle ächten Witzes und der ausgelassensten Laune, die durch das ganze Kunstwerk waltet.

Kolibri 360 GmbH
Ferdinand-Jühlke-Straße 7
99095 Erfurt, Deutschland
produktsicherheit@kolibri360.de